Leroi-Gourhan

Essence et contingence dans la destinée humaine

LE POINT PHILOSOPHIQUE

Collection dirigée par Daniel GIOVANNANGELI

Lucie ANTONIOL,
Lire Ryle aujourd'hui.
Aux sources de la philosophie analytique.
Préface de T.S. Champlin.

Niels BRÜGGER, Finn FRANDSEN, Dominique PIROTTE (éds),
Lyotard, les déplacements philosophiques.
traduit du danois par Emile Danino.
Avertissement de Jean-François Lyotard.

Lambros COULOUBARITSIS,
Aux origines de la philosophie européenne.
De la pensée archaïque au néoplatonisme, 2e édition.

Anne CRAHAY,
Michel Serres.
La mutation du cogito. Genèse du transcendantal objectif.
Préface de Jean Ladrière.

Gérard DELEDALLE,
La philosophie américaine, 2e édition.

Gérard DELEDALLE,
Lire Peirce aujourd'hui.

Edouard DELRUELLE,
Claude Lévi-Strauss et la philosophie.

Michel DUPUIS (éd.),
Levinas en contrastes.
Préface de Paul Ricœur.

Daniel GIOVANNANGELI,
La fiction de l'être. Lectures de la philosophie moderne.
Préface de Jacques Taminiaux.

Marc GROENEN,
Leroi-Gourhan. Essence et contingence dans la destinée humaine.
Préface de Marc Richir.

Christopher HOOKWAY,
Quine.
traduit de l'anglais par Jacques Colson.
Préface de Paul Gochet.

Gilbert HOTTOIS,
Simondon et la philosophie de la « culture technique ».

David Couzens HOY (éd.),
Michel Foucault. Lectures critiques.
traduit de l'anglais par Jacques Colson.

Danielle LORIES,
L'art à l'épreuve du concept.

Philippe MINGUET,
Sens et contresens de l'art.
Préface de Gianni Vattimo.

François PIRE,
Questions de psychologie, 2e édition.

Rudy STEINMETZ,
Les styles de Derrida.

Gianni VATTIMO,
Introduction à Nietzsche.
traduit de l'italien par Fabienne Zanussi.

Georgia WARNKE,
Gadamer. Herméneutique, tradition et raison.
traduit de l'anglais par Jacques Colson.

MARC GROENEN

Leroi-Gourhan

Essence et contingence dans la destinée humaine

Préface de Marc Richir

De Boeck Université

LE POINT PHILOSOPHIQUE

Département De Boeck Université
Paris, Bruxelles

Printed in Belgium

ISSN 0778-246X

D 1996/0074/27

ISBN 2-8041-2255-7

Préface
La question de l'hominisation

« Leroi-Gourhan : essence et contingence dans la destinée humaine » : ce double titre témoigne fidèlement de la double dimension de l'ouvrage présenté ici au public. D'une part, la question fascinante, qui semble relever de la contingence, de l'émergence de l'humain, hors du fond du temps – dont les découvertes récentes, sur les sites plus ou moins distribués au long du *rift* africain, ont considérablement élargi l'échelle, avec pour conséquence un ordre beaucoup moins simple des faits. D'autre part, la difficulté essentielle de la question de l'homme, difficulté d'abord épistémologique, ensuite, plus profondément, philosophique, et qui touche ici à l'extrême difficulté de penser *nos* origines et notre destination. Pour un préhistorien philosophe comme Marc Groenen, il était en quelque sorte fatal qu'il abordât sa discipline avec ces deux dimensions de l'interrogation, et qu'il rencontrât la synthèse sans doute la plus vaste tentée en notre temps de la préhistoire : l'œuvre d'André Leroi-Gourhan, ici comme œuvre de *théoricien*.

La préhistoire comme science est affectée d'une infirmité de naissance : à l'exception du Paléolithique récent (et de ce qui lui succède jusqu'à ladite « proto-histoire »), ses documents se limitent, du moins l'a-t-on cru jusqu'à une époque toute proche, à des ossements fossiles et à des « industries » (des restes d'outillages) ; leur étude et leur analyse semblaient donc pouvoir être subsumées, déjà dans l'équivoque, par la paléontologie et l'archéologie. L'originalité de Leroi-Gourhan aura incontestablement été de comprendre que cette bidisciplinarité devait être étendue à l'ethnologie, à la prise en compte de ce qu'on nomme, depuis les sciences humaines, la culture, et c'est ce qu'il a cherché lui-même à travers l'« ethnologie préhistorique ». Remarquable est en effet sa tentative de nouer ensemble technique et langage, élaboration d'emblée très complexe des gestes de fabrication des outils taillés et élaboration symbolique. Très curieusement cependant, Marc Groenen le montre au fil d'un exposé sobre, clair et précis, Leroi-Gourhan s'est trouvé pris dans une instabilité théorique qui l'a mené à tout un système d'apories, lié à la manière dont la préhistoire s'est d'abord fixée comme discipline, puisqu'il s'articule, finalement, à une naturalisation abusive du fait humain. C'est en ce sens qu'il faut lire la critique serrée qui est adressée ici non pas à Leroi-Gourhan comme personne, mais à Leroi-Gourhan comme témoin d'une science en devenir.

Car l'ordre premier des faits qu'oblige à penser la préhistoire n'est pas tant celui de la généalogie phylogénétique de nos « ancêtres » – il y a toujours quelque chose d'irréductiblement mythologique dans la constitution d'une généalogie, et on ne peut pas dire, contrairement aux « certitudes » scientistes d'aujourd'hui, que la théorie synthétique de l'évolution, présentement dominante, ait « résolu » cette question[1] –, que celui de l'*hominisation*, c'est-à-dire, profondément, celui de la différence, sans nul doute irréductible et énigmatique, entre l'humanité et l'animalité. C'est sur ce point, sans doute, que la pensée de Leroi-Gourhan se montre la plus instable, et donc la plus contradictoire : s'il lui revient, pour le moins, et c'est déjà considérable, d'avoir montré de façon convaincante qu'il y a hominidé dès qu'il y a station verticale stable, et par là « libération » de la face et de la main, au fil d'une orthogenèse en réalité *locale* (dans la famille des hominidés), qui va de pair avec le développement de la surface du cortex cérébral, condition *nécessaire* (mais pas suffisante) au développement de l'intelligence, il reste prisonnier, par ailleurs, de la paléontologie, en ce qu'il continue de distinguer humanité « zoologique » et humanité « ethnique », ne pouvant se résoudre à admettre que toute « industrie lithique », si fruste soit-elle, est coextensive d'une

1 Rien n'indique, dans l'ordre *des faits*, qu'une espèce biologique « descende » d'une autre, et aucune mutation n'a jamais été observée qui fasse passer d'une espèce biologique à une autre. Croire par ailleurs qu'une accumulation de petites mutations puisse, à l'échelle des temps géologiques, y conduire, c'est rejoindre (naïvement) la croyance métaphysique du passage de la quantité à la qualité, puisqu'une espèce biologique se signale par sa stabilité. S'il faut donc admettre qu'il y a « évolution » (en un sens non téléologique) des espèces vivantes, il faut l'admettre, en toute rigueur philosophique, comme un *fait incompréhensible*.

culture, au sens proprement anthropologique du terme – et il y aurait dès lors des « industries naturelles » et des « industries culturelles ». Cela ne serait pas grave – la limite est déjà fort difficile à placer entre l'instrument éphémère que peut se façonner l'animal et l'outil (répétitif, pouvant servir plusieurs fois et pour plusieurs usages) que fabrique le premier hominidé au fil de séquences fixées (mises en mémoire) et complexes d'actes et de gestes –, si cette limite, qui est celle de la « nature » et de la « culture », ne se mettait à flotter, dans la pensée de Leroi-Gourhan, tout au long de sa théorie de l'hominisation. Comme toujours en de pareils cas où une question fondamentale – et en ce sens, préjudiciable – reste non pensée, non réfléchie, la contrepartie en est la retombée dans des évidences « naïves », et dans une métaphysique implicite qui, pour rester latente et ne pas être elle-même réélaborée dans ses articulations et sa cohérence, se monnaie en idéologie. Aux évidences « naïves » appartient, par exemple, l'évidence, non mise en cause par Leroi-Gourhan, que la cellule sociale élémentaire est le couple reproducteur – comme s'il n'y avait pas de rupture de principe entre le couple animal, aussi bien éphémère que durable au gré des espèces, et le couple humain, toujours déjà globalement socialisé, codé pour le moins par les règles de parenté[2]. De l'idéologie relève plus proprement ce qu'il faut bien, finalement, nommer le *naturalisme*, massif, de Leroi-Gourhan, au reste beaucoup plus lamarckiste que darwinien, un évolutionnisme qui nous place, nous, *homo sapiens*, comme en une gigantesque orthogenèse qui n'est pas sans rappeler Teilhard de Chardin, au sommet de l'échelle des êtres ; comme si, *télos* unique de l'évolution des espèces, nous représentions une « nature » à ce point accomplie que, par nous, elle passerait entièrement au dehors, dans une « culture » téléologiquement unidimensionnelle qui n'aurait plus rien à apporter parce qu'elle serait, dans cet accomplissement même, sans plus d'Histoire. Espèce la plus parfaite possible, l'*homo sapiens* ne pourrait plus « évoluer » sans dégénérer en une sorte de monstrueux « E.T. » anodonte et aux membres (au corps) atrophiés, juste capables de pousser sur des boutons qui restitueraient, par les machines, toute « l'information » du « vivant » ! Qui ne voit pas, ici, l'idéologie, fût-elle projetée dans une science-fiction de cauchemar, est parfaitement aveugle. Mais du moins nous faut-il savoir que c'est à cela que nous sommes conduits si nous pensons que le fait humain – société,

2 Plus qu'à une « vision du monde » mythologique, cette « évidence naïve » nous paraît relever d'une « vision du monde » théologique (le couple primitif, Adam et Eve), et plus gravement, idéologique (la famille réduite au couple parental et à ses enfants, comme cellule stable et fondamentale de la société : on a « déjà entendu cela quelque part »).

technique, langage, régime politique, esthétique, etc. – est fait de nature[3]. A cet égard, dans le contexte actuel du retour en force du capitalisme le plus sauvage où ses nécessités aveugles (au sens, à l'humain) sont le plus souvent assimilées à la fatalité de lois quasi naturelles, ce type d'idéologie, dont Leroi-Gourhan n'a sûrement pas perçu les tenants et aboutissants, n'est pas mort, et est encore appelé à de beaux jours – quelle que soit la multiplicité des variantes possibles de ces types de « naturalisation »[4].

Le nerf de la critique de Marc Groenen est, on l'aura compris, la nécessité de poser, *dans sa problématicité même*, la différence anthropologique, et ce, dès l'apparition des premiers hominidés, donc des premiers primates à station verticale stable et à outillage, lequel est nécessairement, par sa complexité, et surtout par la temporalisation des actes et des gestes qu'il suppose, coextensif du langage, et donc de la culture. Si la « libération », acquise par la station verticale stable, de la face et de la main, ouvre, il est vrai, à une orthogenèse en toute rigueur locale, nous l'avons dit, au sein de la famille des hominidés, elle ouvre, du même coup, à des *aires d'indétermination*, à de larges lacunes dans les chaînes comportementales de l'animal, lacunes qui sont susceptibles de s'auto-complexifier en chaînes, non pas de comportements programmés par le patrimoine génétique, mais de « conduites » – pour reprendre l'expression heureuse que l'auteur emprunte à Heidegger – qui portent en elles ce paradoxe de paraître toujours déjà constituées et d'être en même temps l'objet de nécessaires *apprentissages* – l'apprentissage, nerf de la domestication et donc de l'hominisation. L'homme, en effet, n'a *jamais* fabriqué ses outils comme l'hirondelle fait son nid, malgré la permanence, sur de longues périodes qui vont jusqu'au million d'années, d'à peu près le même outillage pour les plus anciens hominidés, et sur des aires géographiques très vastes : simplement, Marc Groenen en apporte quelques exemples éloquents, l'historicité, proprement humaine car déjà symbolique, de tels outillages, est

3 Leroi-Gourhan partage d'ailleurs ce destin avec presque tous ceux de sa génération qui, à vouloir faire l'impasse sur la philosophie, sont retombés, pour la théorie, dans la « métaphysique » la plus naïve. On observe, tout autrement, la même chose chez Lévi-Strauss : c'est le cerveau, donc la nature, qui doit fournir les clés combinatoires de toutes les cultures possibles. Et on arriverait aujourd'hui à l'épuisement. De tout cela est par surcroît étrangement absente la prise en compte du fait politique, indissociable du fait social.

4 Citons l'une d'entre elles, qui jouit aujourd'hui d'un étrange, mais symptomatique succès : les dites « sciences cognitives » qui ne sont en réalité qu'un néo-behaviorisme raffiné par l'informatique, par les « stratégies combinatoires » qu'elle permet de poser, comme si *toute* la raison humaine devait s'y dissoudre.

beaucoup plus *lente* qu'elle ne l'a été pour nous, *homo sapiens*, marquée qu'elle a sans doute été, chez ces êtres, par la moindre largeur des lacunes dans les chaînes comportementales – et il est vrai qu'ici, localement, l'orthogenèse a dû jouer un rôle : tout n'est pas possible d'emblée, mais les contraintes physico-biologiques (dont le développement de la surface du cortex cérébral) ne sont, précisément, que *négatives*. Que l'humain soit *d'entrée* humain, c'est-à-dire un être de culture ou un être ouvert à la dimension *symbolique*, cela permet précisément à l'auteur de relever d'autres faits pertinents qui n'avaient pas été suffisamment remarqués : les diverses cultures du feu, les divers aménagements, déjà humains, donc déjà symboliques (même si leur « clé » nous échappera probablement toujours), de l'espace, et les différentes cultures des couleurs. L'archéologie reprend, pourrait-on dire, par cette attention plus rigoureuse portée à l'ethnologie, le pas sur la paléontologie.

Il nous reste quelques mots à dire sur le plus fondamental, sur la différence anthropologique, c'est-à-dire sur ce que nous nommons *institution symbolique*, et ce, pour renforcer et éclairer le propos de Marc Groenen, qui s'en inspire dans une probe sobriété qui pourrait passer, à tort, pour du laconisme. En première approximation, nous proposons le terme d'institution symbolique pour remplacer celui de « culture », parce que celui-ci a toujours été opposé, classiquement, à « nature », et parce que les « cultures archaïques » (c'est-à-dire : non marquées par l'institution de la philosophie) n'ont pas pensé ou élaboré cette opposition[5] – ce qui est pour nous la « nature » y est entièrement intégré au champ de la « culture », la « nature », et la physique qui l'étudie, sont d'institution récente, d'abord philosophique (depuis Aristote), ensuite scientifique. Par institution symbolique, nous entendons donc tout d'abord, dans sa plus grande généralité, l'ensemble, qui a sa cohésion, des « systèmes » symboliques (langues, pratiques, techniques, représentations) qui « quadrillent » ou codent l'être, l'agir, les croyances et le penser des hommes, et sans que ceux-ci en aient jamais « décidé » (délibérément), ce pourquoi nous utilisons le terme, *anonyme*, d'institution, nécessaire pour comprendre ce qui, par l'institution, paraît toujours déjà « donné » d'ailleurs. Son paradoxe fondamental, nous l'avons déjà noté en passant, est donc de paraître *toujours déjà constituée*, tout d'abord et le plus souvent inaperçue *comme telle*, ne se livrant jamais avec son origine, et d'être

5 Cela ne signifie pas du tout, pour autant, on le verra, que ces « cultures » soient « inférieures » ! Extraordinaire arrogance (ethnocentrisme) des philosophes, d'abord, des scientifiques, ensuite. Face naïve, mais aussi face sombre des « Lumières » !

en même temps l'objet de multiples apprentissages, au demeurant jamais exhaustifs – c'est ce qui fait le nerf de l'éducation humaine, dont on sait qu'elle est infinie et qu'elle ne peut jamais conduire à l'omniscience et à l'omni-sapience. En ce sens aussi, l'institution symbolique, qui fait, chaque fois, qu'une humanité (une ethnie, une société) tient ensemble et se reconnaît, n'est pas elle-même un « système » qui serait clos – selon l'illusion qu'en donne le structuralisme –, pas plus, au reste, que les différents « systèmes » que l'on peut y discerner (langue, techniques, mythes, etc.) pour les besoins de l'analyse. Tout s'y tient donc, ensemble, *énigmatiquement*, et il y a autant d'institution symbolique dans un outillage que dans une langue, dans la manière de traiter les couleurs que dans celle d'aménager l'espace. L'institution symbolique est donc *comme* une « totalité » sans dehors, et ses « parties » sont chaque fois « *parties totales* ». Sa non-clôture apparaît dans le fait qu'elle n'est jamais en coïncidence avec elle-même (telle était l'illusion du structuralisme, illusion nécessaire pour constituer la culture, ou telle « partie » de la culture, comme « objet » *identifiable*), qu'elle est en elle-même et pour elle-même, tout aussi *énigmatiquement*, ouverte aux insondables *questions* de sa *contingence*, ce qui l'entraîne toujours, dans les termes mêmes qu'elle paraît donner d'elle-même et se donner à elle-même, au travail *pensant*, plus proprement humain, de son *élaboration symbolique* comme explicitation de son *sens*. S'il n'y a pas d'homme sans institution symbolique, c'est donc aussi que l'homme est un *être de sens*. Dit autrement, cela revient à avancer que le fond ultime de l'institution symbolique, malgré l'accumulation de déterminations (de codes et d'usages de codes) qu'elle signifie, est toujours l'*indéterminité* : par exemple, on croit toujours « savoir » de quoi l'on parle, mais l'expérience de la vie apprend, au fil des âges, que plus on avance, moins on « sait » en réalité de quoi il est précisément et finalement question dans la parole. Comme le dit un moment Marc Groenen en une formule heureuse, les Anciens ne savaient probablement pas plus ce que pouvait proprement signifier un dieu que nous ne savons, aujourd'hui, ce que peut proprement signifier une « particule » quantique. Cela nous amène à une troisième caractéristique, non moins essentielle, de l'institution symbolique : s'il y a des élaborations symboliques successives d'une institution symbolique, qui la font entrer dans l'historicité symbolique, qui même, parfois, cela arrive dans l'Histoire, quoique rarement, conduisent à des *ruptures* symboliques, et à l'émergence d'une nouvelle institution symbolique (par exemple : la philosophie, la science moderne, ou les diverses religions, ou encore la démocratie comme nouveau régime du vivre-ensemble), cela ne signifie pas pour autant qu'il y ait *progrès symbolique* de telle institution à telle autre –

et il faut ajouter, s'agissant de la préhistoire, à l'intérieur d'une même espèce biologique. Il n'y a donc pas, contrairement aux apparences, d'institution symbolique plus « simple » ou plus « complexe », toute institution symbolique couvre de sa totalité sans dehors apparent *tout* ce qui est vivable, pensable, imaginable, praticable (ce qui signifie corrélativement que ceux-ci changent de distribution et de signification d'une institution à une autre), toute nouvelle institution symbolique s'effectue en remaniant et en rebrassant complètement l'institution ancienne qui est aussi complexe qu'elle, et s'il y a effectivement, en général, progrès symbolique, c'est, à l'intérieur d'une même institution symbolique, progrès dans l'élaboration et la réélaboration symbolique de son sens, qui la raffinent, la modifient en complexifiant ses ressources pour l'agir et le penser – mais cela peut conduire aussi, il est vrai, à sa « saturation », c'est-à-dire à sa dégénérescence dans la « complication ». Il ne faut donc pas confondre, ici, la *complexité*, qui va de pair avec tous les raffinements de la subtilité, et la *complication* qui peut être aussi « morte » dans l'étiquette surannée d'une Cour que dans les distinctions artificielles d'une scolastique. A cet égard, une institution symbolique, quelle qu'elle soit, peut toujours être affectée de dégénérescence symbolique, dans ce que nous nommons un *Gestell* symbolique, détournant à notre profit l'usage heideggerien du terme. Dans le *Gestell* symbolique, l'institution devient machinale, pathologique en ce qu'elle semble « penser » et « agir » à la place des hommes, se vider de tout contenu vivant, et par là livrer les humains à la barbarie dévastatrice du non-sens, destructrice du lien humain, du lien social, et donc de l'humanité. Tout à l'inverse, quand l'institution symbolique est « vivante », le progrès symbolique s'effectue dans l'*ensemble* des procès *de sens* qui se font, au fil de l'élaboration symbolique, ensemble lui-même social et donc lui-même transformateur, actif et vivant, formateur d'humanité. De cette manière, on ne peut donc pas dire que notre époque, temps de fantastiques déperditions symboliques de sens, soit en « progrès » : elle évolue plutôt entre la dévastation barbare, l'irruption multiple du non-sens, et des complications multiples, au sens où l'on parle des complications inextricables d'une maladie, rendant celle-ci *apparemment* incurable.

C'est que, *last but not least*, il est impossible, par principe, de légiférer sur l'institution symbolique elle-même, les « remèdes » s'avérant toujours pires que les « maux », et poussant à la dégénérescence de l'institution en *Gestell*. Il peut paraître étrange, et bien de notre temps, que nous parlions de l'institution symbolique sans presque parler des hommes, les seuls à même pourtant de la faire « vivre ». C'est que, précisément, les hommes n'en sont pas distincts, comme des sortes d'archi-sujets (monades, individus) qui en seraient maîtres – cela, c'est l'illusion néfaste de l'idéologie libérale ou néolibérale, celle qui nous pousse à la catastrophe. C'est que, autrement dit, l'institution symbolique est ce qui, *en* l'homme (en nous tous), dépasse l'homme, et ce, irréductiblement. Donc ce qui, en un sens, décide de lui en s'instituant, de tout ce qu'il va vivre, faire et penser, sans que cela signifie, et c'est cela même qu'il faut penser, qu'il soit pour autant sans prises sur ce qu'il va vivre, faire et penser – car ces « prises » lui sont précisément données par l'institution symbolique, et ce sont elles, justement, qu'il lui faut *élaborer*. Cette « transcendantalité » du symbolique est ce qui, dans certaines traditions, a été repéré par Dieu, le Nom par excellence dans la tradition juive. Mais dans les traditions en question, le repère était, ultimement, une *énigme*, l'énigme même du sens. Rien ne s'opposerait donc, en principe, à ce que le Nom pût changer pour ainsi dire de nom, quel qu'il soit, pourvu qu'il reste une énigme *insondable*, comme ce en quoi et par rapport à quoi les hommes rassemblent la réflexion de leur condition[6]. S'il y a donc institution symbolique, il faut penser que ce n'est pas l'homme qui en est l'*instituant* : comme le disait une fois Stanislas Breton paraphrasant une formule célèbre de Heidegger sur la technique, l'*essence* de l'homme n'est pas humaine, elle est *inhumaine*. Ce qu'il y a d'humain, c'est *l'élaboration pensante* que nous en faisons chaque fois que, par l'étonnant pouvoir d'*initiative* – pouvoir de commencer, et donc de faire du temps[7] – qui nous caractérise, nous faisons bouger et changeons les choses, le « matériau » livré par l'institution, pour « inventer », que ce soit un geste technique, une parole, ou un acte signifiant. Mais jamais notre inventivité n'est *actus ex nihilo*, et jamais, sinon dans des cas tout à fait triviaux, elle n'est délibérée. En ce sens, l'homme est toujours en chemin vers l'homme, son humanité réside tout entière dans l'*hominisation* (la civilisation) in-finie de l'inhumain *en* lui, sans que nous puissions jamais savoir en quoi consiste « proprement » l'inhumain.

Tels sont quelques-uns des horizons qu'ouvre le livre de Marc Groenen, à la fois pour le préhistorien et pour le philosophe. Pour me résumer et pour

6 Rappelons que le rassemblement de la réflexion en et autour d'*un* nom n'est pas lui-même strictement nécessaire. Il n'y a pas moins de réflexion dans le champ mythique multiple des cultures amérindiennes dites archaïques (Lévi-Strauss), et dans le champ mythologique traditionnel (polythéisme).

7 Que cela présuppose, à son tour, l'indéterminité pour elle-même du champ phénoménologique comme champ des temporalisations au sein d'une « liberté » proprement « phénoménologique », c'est ce que nous ne pouvons qu'évoquer ici, et que nous avons tenté de traiter dans notre *Phénoménologie et institution symbolique* (Grenoble, Jérôme Millon, 1988).

conclure, j'aimerais me plaire à imaginer ce qui a dû se passer lors de l'invention du premier geste technique – la taille d'un chopper – il y a deux ou trois millions d'années. Or cela n'a sûrement pas été comme au cinéma (Stanley Kubrick), dans la simple étincelle, si belle fût-elle, d'un regard, car ce fut sûrement au fil de rythmes temporels, incroyablement longs (même s'ils restent futiles à l'échelle des temps géologiques), d'élaborations symboliques incroyablement multiples et complexes (eu égard à l'apparence encore tout animale de ces êtres), dont nous avons *tout* perdu. Il faut en effet des cadres symboliques suffisants pour que l'acte de tailler ait un sens, et pour que, par surcroît, tel geste *précis* de taille ne passe pas inaperçu des ouvriers eux-mêmes, soit reconnu comme significatif ou « canonique », « mis en mémoire » à la fois comme tel et comme susceptible de s'enchaîner avec d'autres gestes. Cela fait décidément beaucoup de choses, mais il n'en faut pas moins, s'agissant de l'initiation et de l'invention, où il faut abandonner le schème démiurgique classique de la *technè*, aristotélicien, qui présuppose la forme et la finalité, comme si l'idée du racloir finalisait *a priori* sa fabrication, donc son « en-vue-de » racler qui suppose à son tour une économie reconnue comme la meilleure de l'acte de racler : je veux racler à moindre frais, donc je fabrique un racloir, optimal par rapport aux moyens dont je dispose. Cette circularité est bien le signe que l'outil, et les gestes qu'il suppose pour sa fabrication et son utilisation, procèdent de l'institution symbolique. Décidément, l'outil, même le plus simple, est bien une « matière symbolique » de la culture, un témoin ou une « partie totale » de l'institution symbolique, toujours déjà au croisement de ce que Marc Groenen entend par « réseau symbolique » (synchronie) et par « flux symbolique » (diachronie). Bref, il n'y a pas eu de premier biface, fabriqué par un être de génie qui serait par là divin, et il n'y a de tel inventeur que dans les films ou les bandes dessinées : le biface, dont l'origine est aussi énigmatique que, par exemple, celle d'une langue, est une sorte de condensé symbolique de l'institution symbolique, qui, tout comme un syntagme linguistique, suppose de lentes, multiples, et inimaginables élaborations et réélaborations, bref, toute une *tradition* ou toute une historicité symbolique. Et si les « maillons » de cette tradition nous manquent, c'est que, eu égard à sa continuité temporelle, extrêmement longue, les témoins archéologiques sont extrêmement rares, liés aux hasards multiples de leur conservation et de leur découverte.

Il ne me semble pas, dès lors, outrecuidant de soutenir que l'ouvrage ici publié est à prendre comme le témoin d'une révolution qui devrait s'accomplir de la préhistoire – mais aussi de notre conception de l'origine, ou des origines de l'humanité. Tout comme la frontière entre animalité et humanité n'est plus le volume cérébral ou la surface du cortex, ni même, en soi, la station debout, mais est l'institution symbolique, il n'y a *plus une humanité*, la nôtre, celle de l'*homo sapiens* avec l'extraordinaire diversité de ses groupements sociaux ayant chaque fois leur « culture » propre, mais *des humanités*, enfouies, il est vrai, dans l'abîme du temps, et dont il ne reste que des fragments tellement appauvris et tellement épars dans le temps et l'espace qu'ils défieront sans doute toujours l'interprétation, malgré l'ingéniosité des préhistoriens. En ce sens, ce livre est à prendre à la fois comme un adieu à l'œuvre, qui reste considérable, de Leroi-Gourhan, et comme une *introduction* à la préhistoire qui reste encore à faire.

Marc RICHIR

A Robert Legros et Marc Richir,
qui m'ont formé en philosophie,

A Pierre Bonenfant,
qui m'a formé en préhistoire.

Remerciements

Je voudrais tout d'abord remercier Marc Richir pour avoir accepté de préfacer cet ouvrage qui lui doit tant ; ses judicieuses observations m'ont été d'un précieux secours. Il m'est, en outre, agréable de remercier ici Robert Legros, Pierre Bonenfant et Thierry Lenain pour les intéressantes discussions que nous avons eues, et dont la substance a donné à ce texte sa forme définitive. Enfin, cet ouvrage ne saurait être ce qu'il est sans le concours quotidien de mon épouse Marie-Christine ; sa patiente écoute et ses remarques en font bien davantage une collaboratrice qu'une conseillère.

Introduction

Depuis que le texte existe, l'histoire témoigne du fait que l'homme s'interroge. Ces interrogations appellent des réponses au départ desquelles il peut s'orienter dans l'existence, des réponses qui lui assurent le sol ferme dont il a besoin pour mener sa vie d'homme, bref des réponses grâce auxquelles il peut donner un sens à son existence. Sans doute en est-il ainsi depuis que l'homme existe, mais les éléments directs manquent, qui pourraient en apporter la confirmation. Et ces interrogations se ramènent finalement à trois questions fondamentales, dont on sent la constance à travers la multiplicité kaléidoscopique des formulations : qui sommes-nous ? d'où venons-nous ? où allons-nous ?

Ces questions sont déjà en soi intéressantes, car elles présupposent la prise en charge d'un homme d'emblée conçu comme « nous » et non pas comme « je », ou si l'on préfère, la question atteste déjà du fait que la réponse, quelle qu'elle soit, devra nécessairement intégrer la dimension sociale : socialité et humanité sont donc intuitivement associées. Par ailleurs, elles présupposent la prise en considération de la dimension temporelle pour l'élucidation de l'homme, puisqu'elles interrogent à la fois une forme présente, une histoire et un devenir de l'humanité. L'implication de ces deux présupposés – socialité et temporalité – est essentielle, et nous verrons qu'il n'est pas d'interrogation de l'homme possible sans prise en charge simultanée de ces deux facteurs. Et ces questions, qui ont trouvé à s'exprimer sur les sols féconds de la mythologie d'abord et de la philosophie ensuite, ont été plus récemment reformulées sur le terrain de la science. C'est ainsi que l'ethnologie a pu montrer la diversité des hommes et de leurs modes d'organisation sociale, et que la biologie a pu offrir une nouvelle compréhension de l'homme grâce à sa réinsertion dans l'ensemble du vivant, avec, à leur confluence, la préhistoire dont le but est la redécouverte des cultures des différents hominidés qui se sont succédé.

Or, le terrain scientifique nous place devant un problème dont on n'a pas assez souligné l'importance. Alors que l'image que nous nous faisons de l'homme est l'image unitaire d'un être globalement humain, la science ne peut nous en offrir qu'une vision fragmentaire : face à un sens commun qui nous donne d'emblée de l'homme l'image panoramique d'un « tout humanisé », la science ne peut, quant à elle, en offrir qu'une représentation à la fois déchirée et éclatée. Déchirée, la vision scientifique de l'homme l'est forcément, puisqu'elle n'a pu qu'appréhender, en les séparant, la dimension du corps et celle de l'esprit. Une anthropologie totale, on le sait, n'existe pas ; cette discipline se divise en deux domaines distincts, dont l'un – l'anthropologie physique – appartient à la biologie, et l'autre – l'anthropologie sociale – aux sciences humaines. Et ces axes ne trouvent aucun point de rencontre, sinon virtuel, puisque leur centre – l'homme comme tel – ne fait jamais l'objet d'un questionnement. L'anthropologie ne peut donc nous offrir que deux zones d'action indépendantes l'une de l'autre et qu'il est loisible d'articuler analytiquement entre elles, mais desquelles ne pourrait sortir aucune synthèse de l'homme.

Mais la restitution scientifique de l'homme est également éclatée, du fait qu'un cortège de disciplines ont jeté leur dévolu sur un aspect de l'homme dont elles se sont attachées à fournir l'analyse. Un cloisonnisme létal a ici progressivement dévitalisé l'homme en en fournissant une image morcelée. Ainsi les taxonomistes rendent-ils compte de l'homme en termes classificatoires, tandis que les généticiens nous apprennent que le même homme tient tout entier dans vingt-quatre paires de chromosomes composés de gènes qui déterminent tous – ou presque tous – les caractères visibles et non visibles qui nous caractérisent – le « nous » visant à la fois notre espèce et notre individu – ; l'anatomie nous déshabille et nous définit en termes de muscles, de tendons, d'os et de viscères, à quoi la physiologie répond que notre être doit se comprendre en termes de réactions biochimiques fonctionnelles. Il n'en va certes pas différemment des sciences humaines, et la même attitude pourrait être aisément mise en évidence en prenant pour point de départ la sociologie, l'ethnologie, la psychologie ou la préhistoire.

Or, aucune « métascience » ne vient synthétiser en un tout cohérent ces lambeaux éparpillés d'homme qui prétendent chacun à l'autonomie. Et

André Leroi-Gourhan a pu noter à cet égard : *l'homme continue d'être un inconnu dont on connaît relativement bien certaines pièces détachées*[1]. Cette attitude cloisonniste est si générale qu'elle fait figure de phénomène d'époque, et celui qui s'aventurerait témérairement sur la voie d'une synthèse aurait d'abord à affronter des réticences d'ordre psychologique avant de rencontrer des critiques constructives. Ces réticences, Leroi-Gourhan les a connues pour les synthèses qu'il a produites. De *La Civilisation du Renne* (1936) – il avait 25 ans ! – à *Préhistoire de l'art occidental* (1965), en passant par une synthèse sur la technique humaine (*Evolution et techniques*, 1943-1945), *L'Archéologie du Pacifique nord* (1946), *Les Religions de la préhistoire* (1964) et une synthèse sur l'homme (*Le geste et la parole*, 1964-1965), il y a l'itinéraire ininterrompu d'un chercheur qui s'attache, au départ d'une documentation surabondante, à rendre compte, par pans entiers, non seulement des différentes productions humaines, mais surtout de l'homme lui-même. Cet homme, dont il a essayé de percer les secrets, il a voulu en faire l'objet même de ses recherches et lui trouver un système à sa mesure. Son œuvre aujourd'hui fait date et beaucoup la lisent en y trouvant ce qu'ils cherchent[2]. Fait remarquable, la base de son système sur l'homme – et ce n'est que justice pour un penseur de synthèses – a très largement débordé la préhistoire, l'ethnologie ou la paléontologie et se retrouve régulièrement sous la plume d'historiens, de technologues, de sociologues, d'artistes et ... de philosophes.

Pourtant, on chercherait en vain une analyse d'ensemble sur l'apport théorique que ce penseur de grand rayonnement eut la volonté de fournir[3]. Car Leroi-Gourhan, on le verra, ne considérait pas l'accumulation de faits comme une fin en soi ; ceux-ci ne trouvent, en effet, leur justification que dans la possibilité qu'ils offrent d'en induire un cadre théorique. Il était donc non seulement justifié mais encore nécessaire de soumettre le système théorique de Leroi-Gourhan à une analyse critique, afin d'en vérifier la pertinence. De plus, la documentation archéologique s'est elle-même fortement enrichie durant ces trois dernières décennies : d'une part, les moyens d'investigations

1 A. LEROI-GOURHAN, « Où en est l'ethnologie ? », in *Le fil du temps. Ethnologie et préhistoire*, 1920-1970, Paris, 1983, p. 95.

2 A. LEROI-GOURHAN, *Les racines du monde. Entretiens avec Claude-Henri Rocquet*, Paris, 1982, p. 19.

3 H. BALFET, « Sur une exposition André Leroi-Gourhan », in *André Leroi-Gourhan ou les Voies de l'Homme*, Paris, 1988, pp. 13-17.

actuels, d'ailleurs initiés en grande partie par Leroi-Gourhan[4], ont permis une approche plus complète de la vie quotidienne de l'homme du Paléolithique, d'autre part les nombreux éléments nouveaux mis au jour par les préhistoriens et les paléontologues ont entraîné de notables modifications par rapport à ce qui pouvait être pensé au moment où Leroi-Gourhan œuvrait à son travail de synthèse. Il était donc indispensable de mener à bien cette analyse théorique tout en prenant en compte les éléments nouveaux dont nous disposons aujourd'hui. C'est à cette double exigence que je me suis proposé de répondre.

Il m'a paru intéressant, après avoir brièvement rappelé les grands événements de sa vie (I), de restituer les grandes lignes d'une synthèse qu'ont alimentée à la fois la biologie, l'ethnologie et la préhistoire, de manière à en souligner la cohérence (II). Mais faire de l'homme l'objet d'une science nécessite qu'on l'étudie au travers d'un cadre épistémologique dont il aura fallu préalablement jeter les bases (III, 1), et nous verrons comment Leroi-Gourhan a justifié le concept central d'évolution pour établir son ethnologie préhistorique (III, 2). Mais dans la mesure où l'évolutionnisme constitue l'épine dorsale de son système (III, 3), il sera utile de rappeler les lignes principales de Lamarck ainsi que celles de Darwin, dont les apports ont été, chacun à leur niveau, paradigmatiques de la biologie contemporaine (III, 4), ce qui permettra, au fil d'une analyse détaillée, de mettre en évidence les caractères de l'évolutionnisme tels qu'ils apparaissent chez Leroi-Gourhan (III, 5), et finalement de porter un regard d'ensemble sur son apport épistémologique afin d'en éprouver la pertinence (III, 6).

Après avoir analysé le « système nerveux » du cadre à travers lequel Leroi-Gourhan peut penser l'homme, nous nous attacherons ensuite à l'analyse des critères fondamentaux de l'humanité, à savoir la socialité, la technique et le langage. Ces trois « racines » de l'humanité ont tenu, à juste titre, une place d'importance, pour l'auteur, et il conviendra, pour cette raison, d'en dégager les caractéristiques formelles.

Le premier critère – la socialité – sera matière à une analyse du social qui se déroulera successivement sur deux plans complémentaires : au premier plan reviendra l'analyse du statut de la socialité telle qu'elle apparaît au fil de l'évolution humaine (IV, 1), et au second plan une analyse de la façon dont l'auteur conçoit l'articulation du couple nature-culture au sein de l'humanité

4 M. GROENEN, « Présentation générale », in A. LEROI-GOURHAN, *L'art pariétal, langage de la préhistoire*, Grenoble, 1992, pp. 15-122.

qui est la nôtre (IV, 2). Cet itinéraire sera l'occasion de mettre en évidence le caractère vitaliste et organiciste qu'a le social pour Leroi-Gourhan (IV, 1.1), de soumettre à l'analyse critique les concepts de libération (IV, 1.2), de socialité (IV, 2.1 à 2.3), et finalement d'approcher le difficile problème de l'articulation qui lie animalité et humanité (IV, 2.4). Enfin, nous verrons en quoi ces deux plans débouchent chacun sur une impasse qui les rend, comme tels, impraticables (IV, 1.3 et 2.5).

Les deux autres critères fondamentalement humains, ensuite, auront trait à la technique et au langage : la découverte d'outils en pierre taillée atteste, en effet, de l'existence d'un être humain. Mais dans la mesure où, pour Leroi-Gourhan, geste et parole ne sont que deux aspects qui s'enracinent dans un sol commun, nous aurons à examiner les relations que technique et langage entretiennent entre eux (V, 1). Nous verrons par ailleurs que, dans l'esprit de Leroi-Gourhan, taille d'outils n'implique pas forcément liberté créatrice, et nous aurons alors à produire une analyse critique de la notion de stéréotype (V, 2), qui nous mènera au concept de technicité. Dans la mesure où la technicité conditionne l'approche technique (V, 3.1), nous nous attacherons à produire une analyse critique de la dimension technologique qu'il a proposée (V, 3.2). Et cet examen nous permettra de conclure en analysant les notions centrales d'invention et de progrès et en montrant les limites qui oblitèrent la voie ouverte par Leroi-Gourhan (V, 3.3). Enfin, nous tenterons une analyse de la fonction du symbole et nous aurons l'occasion de voir comment s'articulent entre eux les concepts d'humanité, de culture, de langage et de symbole (V, 4.1). Nous verrons alors que Leroi-Gourhan ne parvient pas à fonder le symbolique (V, 4.2).

Au terme de cette étude, nous nous efforcerons de dresser un bilan des apports théoriques de l'anthropologie générale proposée par Leroi-Gourhan et nous verrons qu'en dépit des impasses qui la limitent, elle donne toujours matière à penser : l'auteur a, à cet égard, défriché pour nous une voie qui reste aujourd'hui encore incontournable (VI).

Marc Groenen

Partie I

BIOGRAPHIE

Parce que *toute théorie est un peu un autoportrait*, la biographie doit précéder l'étude de la pensée[1].

André Leroi-Gourhan est né à Paris, le 25 août 1911. Son père meurt au début de la guerre de 1914-18, et il sera élevé par ses grands-parents maternels dont il ajoutera plus tard le nom à son patronyme.

Tout jeune, il fait de fréquentes visites avec sa grand-mère au Muséum à Paris et semble découvrir là les matières sur lesquelles il travaillera durant sa carrière de chercheur. *Il se peut que ma vie se soit en partie déterminée*, a-t-il avoué, *par ces visites du jeudi et du dimanche dans cette galerie du Muséum où régnait un mélange romantique d'ethnologie, de paléontologie humaine et de préhistoire, c'est-à-dire les trois voies que j'ai superposées jusqu'à présent*[2].

A l'école, Leroi-Gourhan est considéré comme un cancre, et son grand-père jugera préférable de l'en retirer. A quatorze ans, il doit donc gagner sa vie et se retrouve dans la librairie, dans la bonneterie, puis « petit apprenti » dans l'édition d'art. Tout en travaillant, il suit des cours à l'Ecole d'Anthropologie. Ensuite, grâce à sa rencontre en 1928 avec Paul Boyer, administrateur à l'Ecole des Langues Orientales vivantes, il se retrouve secrétaire adjoint puis aide-bibliothécaire dans cette école, ce qui lui permet d'entreprendre des études de russe, qu'il termine en 1931, puis des études de chinois, qu'il termine avec sa licence ès lettres en 1933. Séduit par la manière de

---

1 Les renseignements qui ont permis de constituer cette biographie proviennent d'A. Leroi-Gourhan, *Les racines du monde. Entretiens avec Claude-Henri Rocquet*, Paris, 1982 et G. Gaucher, « André Leroi-Gourhan, 1911-1986 », in *Bulletin de la Société préhistorique française*, LXXXIV, 1987, pp. 302-315.

2 A. Leroi-Gourhan, *Les racines du monde*, *o. c.*, 1982, p. 26.

penser de Marcel Granet dont il avait suivi les cours à l'Ecole des Hautes Etudes, il décide de faire une thèse de doctorat sous sa direction. Malheureusement, Granet meurt et Leroi-Gourhan opte pour un autre sujet de thèse, *L'Archéologie du Pacifique Nord*, qu'il travaillera sous la direction de Marcel Mauss dont il avait suivi les cours aux Hautes Etudes et à l'Institut d'Ethnologie de l'Université de Paris, et qui avait eu sur lui une influence considérable.

En 1933 et 1934, il travaille au département d'ethnologie du British Museum et dans les collections du Victoria Museum, puis, en 1934, au Musée de l'Homme à Paris. Il obtient également un poste au Musée du Trocadero où il est chargé de réorganiser les collections concernant l'Extrême-Orient et les régions arctiques. C'est à cette époque que Leroi-Gourhan publie *La Civilisation du Renne* (1936) et *Bestiaire du Bronze chinois* (1936).

Au même moment, il épouse Arlette Royer et part au Japon pendant deux ans en tant que chargé de mission du Musée de l'Homme et des Musées Nationaux.

Revenu en France, il se retrouve d'abord soldat puis interprète avant d'être démobilisé. On lui propose alors un poste comme conservateur adjoint au Musée Guimet où il restera de 1940 à 1943. Il publie alors le premier tome d'*Evolution et techniques* (*L'homme et la matière*), puis deux ans plus tard – en 1945 – le second volet (*Milieu et techniques*), date à laquelle il présente sa thèse *Archéologie du Pacifique Nord* et sa thèse annexe *Documents pour l'art comparé de l'Eurasie septentrionale*.

Ces quatre travaux constituent chacun une synthèse originale qui s'appuie sur une documentation considérable – quarante mille fiches pour *Evolution et techniques* ! Ceci nous rappelle la passion de Leroi-Gourhan pour les catalogues, les musées et les Cabinets de curiosités[3].

Cependant, dès 1944, Leroi-Gourhan est nommé maître de conférences à la Faculté de Lettres de Lyon pour y donner le cours d'ethnologie coloniale qui comprend également l'étude de la préhistoire. A cette occasion, et pour initier ses étudiants qu'il ne peut pas emmener ailleurs faute d'argent, il entreprend de faire des fouilles archéologiques avec eux à la grotte des Furtins en Saône-et-Loire, de 1945 à 1948.

En 1945, il est chargé d'un cours à l'Institut d'Ethnologie et en 1946 il obtient le poste de sous-directeur au Musée de l'Homme.

---

3 Voir à ce sujet A. Leroi-Gourhan, *Les racines du monde*, *o. c.*, 1982, pp. 135-149.

Les fouilles se poursuivent (Arcy-sur-Cure dès 1946), et il publiera, fort de son expérience, en 1950, *Les fouilles préhistoriques, techniques et méthodes*.

Pourtant, s'il se plonge à cette époque de plus en plus dans la préhistoire (président de la Société Préhistorique en 1952 ; discours d'ouverture du Congrès Préhistorique de France ; publication de *Hommes de la Préhistoire. Les Chasseurs* en 1955 ...), il travaille simultanément à une thèse en sciences : *Les traces d'équilibre mécanique du crâne des Vertébrés terrestres* qu'il défendra en 1954 (thèse annexe : *L'étude des restes humains fossiles provenant des grottes d'Arcy-sur-Cure*).

En 1956, Marcel Griaule – professeur d'ethnologie à la Sorbonne – meurt et Leroi-Gourhan va le remplacer. Il travaille alors sur l'art préhistorique – sujet qu'il ne cessera plus d'approfondir jusqu'à la fin de sa vie – et publie en 1958 trois communications fondamentales dans le Bulletin de la Société préhistorique française[4], qui constitueront le cadre même de sa monumentale synthèse sur l'art paléolithique : *Préhistoire de l'art occidental* (1965).

Mais cet aspect de sa recherche n'est que l'une des ramifications d'une pensée tentaculaire dont il importe de comprendre le cœur et qui constitue le but de Leroi-Gourhan : approcher l'**homme préhistorique**. C'est ce qui explique que simultanément paraissent, outre son ouvrage sur l'art préhistorique déjà mentionné, *Les religions de la préhistoire* (1964), mais aussi et surtout *Le geste et la parole* (deux volumes 1964-65) – synthèse magistrale qui superpose et amalgame l'ethnologie, la paléontologie et la préhistoire – et enfin, avec quelques collaborateurs, *La préhistoire* (1966) dans la collection *Nouvelle Clio*, qui présente une synthèse des données sur la préhistoire dans le monde. C'est ce qui explique aussi les nombreuses missions de prospection ou de fouilles qu'il entame : en France à Mesnil-sur-Oger, à Champs, à Nitry, à Escolives, à Monéteau ; en Espagne (El Pendo) ; en Grèce (1962) et au Sahara (1964).

Mais 1964, c'est encore la découverte de Pincevent, site préhistorique dont Leroi-Gourhan s'occupera jusqu'à la fin de sa vie et dont l'étude bouleversera complètement notre approche de l'homme préhistorique.

4 A. LEROI-GOURHAN, « La fonction des signes dans les sanctuaires paléolithiques », in *Bulletin de la Société préhistorique française*, LV, 1958, pp. 307-321. Id., « Le symbolisme des grands signes dans l'art pariétal paléolithique », in *ibid.*, pp. 384-398. Id., « Répartition et groupement des animaux dans l'art pariétal paléolithique », in *ibid.*, pp. 515-528.

En 1969, il est élu au Collège de France où il enseignera jusqu'en 1982. Durant cette période, il va reprendre ses idées sur l'art paléolithique et leur imprimer de nouvelles directions ; il dirigera également des séminaires sur les structures d'habitat, et il participera et dirigera une série de colloques de première importance (1er Congrès de l'Union des Sciences pré- et protohistoriques en 1976 ; colloque sur les structures d'habitat ; colloque sur l'art mobilier au Paléolithique supérieur, etc.). Il continue également ses fouilles à Pincevent, mais est obligé de déléguer progressivement son travail à cause d'un mal qui l'affaiblit de plus en plus (maladie de Parkinson).

Miné par la maladie, il va progressivement devoir se retirer et abandonner ses occupations. Il meurt, d'un accident cardiaque, le 19 février 1986.

Partie II

LA PENSÉE D'ANDRÉ LEROI-GOURHAN

1 INTRODUCTION

On ne résume pas plus une philosophie qu'un poème, disait Alain. Leroi-Gourhan n'était pas philosophe – il s'en défendait lui-même –, pourtant celui qui aurait la prétention de restituer sa pensée en quelques paragraphes, par quelques aphorismes, n'arriverait qu'à assécher un système dont les nuances font la valeur. Ceux qui ont suivi ses enseignements le savent bien ; ils se souviennent *de ces lents exposés, accompagnés d'un geste de la main un peu repliée, comme s'il modelait inlassablement une pensée subtile qu'on avait l'illusion de voir naître*[1], une pensée qu'il parvenait toujours à mettre en forme, mais vis-à-vis de laquelle il se tenait toujours sur ses gardes : le mot n'est pas parfait, le risque qu'il trahisse la pensée est omniprésent. Et ce qui est vrai pour le langage l'est *a fortiori* pour l'écriture. Leroi-Gourhan pensait soigneusement chacune de ses phrases avant de les écrire[2]. C'est ce soin dans l'écriture qui livre des textes agréables à lire, quoique difficiles, des textes condensés et pourtant nuancés. Mais cette lenteur de la composition est aussi l'indice que le travail qui s'élabore n'est jamais ponctuel ni autosuffisant. Il y a, en effet, chez Leroi-Gourhan, durant toute sa vie de chercheur, la volonté de bâtir un système cohérent au départ de données disparates, et chacune de ses études n'est jamais, à cet égard, qu'une étape dont le but doit offrir une image synthétique, globale de l'homme : *j'ai l'impression*, notait Leroi-Gourhan, *qu'il y a dans mon travail une certaine unité, qui est la recherche*

1 G. Gaucher, « André Leroi-Gourhan, 1911-1986 », in *Bulletin de la Société préhistorique française*, LXXXIV, 1987, p. 309, col. b.

2 A. Leroi-Gourhan, *Les racines du monde. Entretiens avec Claude-Henri Rocquet*, Paris, 1982, p. 110.

d'un contact avec l'humanité sous différents angles qui se coordonnent[3]. La lecture diachronique de ses œuvres – articles, ouvrages, notes de cours … – révèle que les travaux d'une période sont autant de réponses aux problèmes posés que de nouvelles questions dont on trouvera la résolution dans les travaux suivants. Mais qu'ils traitent d'ethnologie, de religion, d'art, d'archéologie ou de préhistoire, tous ces textes, finalement, ne s'occupent que de l'homme. Et présenter Leroi-Gourhan revient donc nécessairement à présenter l'image de l'homme qu'il nous a proposée. C'est cette tâche de présentation qu'il était nécessaire d'accomplir avant de soumettre son interprétation à la critique.

Mais plus qu'une simple présentation systématique de Leroi-Gourhan, mon propos sera, dans les pages qui suivent, de restituer le plus fidèlement possible cette image de l'homme qu'il est parvenu à forger dans sa synthèse magistrale *Le geste et la parole*, en mettant cependant en exergue les aspects de sa pensée sur lesquels le travail portera par la suite. Cette présentation ne suit donc pas le texte de manière continue ; certains paragraphes ont été réunis et d'autres séparés. Les titres que j'ai attribués à chacune des subdivisions n'appartiennent pas à Leroi-Gourhan : ils indiquent l'idée qui y a été développée.

J'espère, par ailleurs, que cette restitution, forcément lacunaire, de l'œuvre de Leroi-Gourhan permettra malgré tout de se faire une idée de la richesse des connaissances mises en œuvre. A cette fin, et pour faciliter la lecture de notions forcément spécialisées peu répandues dans les milieux philosophiques, j'ai enrichi le texte de remarques dont le but est d'éclairer quelque peu ce que le travail de Leroi-Gourhan présuppose connu.

2 L'HOMME COMME ÊTRE DE LIBERTÉ

L'appréhension de l'humanité de l'homme dans sa dimension totale ne peut que se dévoiler au travers d'une analyse qui en éluciderait les origines. Il n'est pas question de tirer l'homme vers le bas et de lui faire perdre toute l'originalité de sa condition humaine, mais il faut montrer comment il s'enracine dans la lignée du règne animal et a acquis des caractères originaux qui lui ont permis d'être ce qu'il est ; à cet égard, *l'originalité biologique de*

3 A. Leroi-Gourhan, *Les racines du monde, o.c.*, 1982, p. 13.

l'homme est peut-être moins dans sa dissemblance zoologique que dans le fait qu'il est homme sans avoir rien perdu de la continuité avec le vivant[4]. Le point de départ sera constitué par la mise en évidence des critères communs à la totalité des hommes. Ceux-ci sont, en fait, peu nombreux. Le principal est la station verticale[5] : l'homme est un être nécessairement bipède. A ce critère s'en ajoutent deux autres, mais qui constituent en réalité des corollaires du premier : la possession d'une face courte et celle d'une main libre pendant la locomotion. Cette liberté de la main est évidemment capitale, car c'est elle qui va constituer la condition de possibilité de la technicité : *la liberté de la main implique presque forcément une activité technique différente de celle des singes et sa liberté pendant la locomotion, alliée à une face courte et sans canines offensives, commande l'utilisation des organes artificiels que sont les outils*[6].

Fait surprenant, le cerveau ne joue donc pas ici de rôle primordial ; il est, au contraire, second par rapport à la station verticale : il en est la conséquence évolutive. Pour Leroi-Gourhan, le cerveau a donc profité des progrès de l'adaptation locomotrice au lieu de les provoquer. Et la locomotion peut donc être considérée comme le fait déterminant de l'évolution biologique, puis – comme on le verra – de l'évolution sociale actuelle. D'autre part, le redressement postural implique quelque chose de capital : *dès que la station verticale est établie, il n'y a plus de singe et donc pas de demi-homme* [I, 34]. L'homme est donc d'emblée constitué comme homme, et il ne saurait être question d'admettre un intermédiaire « sur-bestial » ou « sous-humain » dans la ligne évolutive qui mène des Primates à l'homme[7]. Cette conclusion

---

4 A. Leroi-Gourhan, « Technique et société chez l'animal et chez l'homme », in *Originalité biologique de l'homme*, Paris, 1957, p. 11 et id., in *Le fil du temps. Ethnologie et préhistoire, 1920-1970*, 1983, p. 110.

5 La station verticale comme concept directeur a été récupérée philosophiquement par Erwin Straus. Voir à ce sujet : R. Bruzina, « Toward a Philosophy of Technology : Reflections on Themes in the Work of Erwin Straus », in *Journal of Phenomenological Psychology*, VII, 1976, pp. 78-94.

6 A. Leroi-Gourhan, *Le geste et la parole*, vol. I, *Technique et langage*, Paris, 1964, p. 33. Noté dans le texte [I] avec mention de la page. A. Leroi-Gourhan, *Le geste et la parole*, vol. II, *La mémoire et les rythmes*, Paris, 1965. Noté dans le texte [II] avec mention de la page.

7 Leroi-Gourhan admet donc implicitement que l'apparition de l'homme est liée à une mutation qui introduit une césure nette entre Primates et homme. Ceci est d'autant plus surprenant qu'il ne cessera, par la suite et tout au long de ses travaux, de souligner la continuité qui relie les deux familles zoologiques.

mérite d'être retenue, car elle nous mènera au noyau même des apories dans la pensée de Leroi-Gourhan.

Quoi qu'il en soit de ce problème pour l'instant, la station verticale représente donc le fondement, la racine même de notre humanité. Il n'est toutefois pas suffisant de le constater ; cette observation réclame une explication qui la justifie : *celle-ci* [la station verticale] *apparaîtrait comme un phénomène incompréhensible si elle n'était l'une des solutions données à un problème biologique aussi ancien que les Vertébrés eux-mêmes, celui du rapport entre la face comme support des organes de préhension alimentaire et le membre antérieur comme organe non seulement de locomotion, mais aussi de préhension* [I, 34]. Et cette longue histoire du règne animal, qui englobe tous les Vertébrés, mérite d'être prise soigneusement en considération. L'examen de cette évolution montre une série de paliers dont le passage de l'un à l'autre semble devoir être compris en termes de libération par rapport aux contraintes imposées par le milieu. *En effet, dans une perspective qui va du poisson de l'Ere Primaire à l'homme de l'Ere Quaternaire, on croit assister à une série de libérations successives : celle du corps entier par rapport à l'élément liquide, celle de la tête par rapport au sol, celle de la main par rapport à la locomotion et finalement celle du cerveau par rapport au masque facial* [I, 40-41].

Le cadre général de pensée sera celui d'une paléontologie fonctionnelle dont la réalisation sera possible en intégrant *dans une seule perspective les principaux éléments fonctionnels de chacun des types qui s'enchaînent au cours du temps* [I, 57][8]. Et Leroi-Gourhan va analyser l'organisation dynamique de ces éléments telle qu'elle apparaît dans les grandes formes évolutives des Vertébrés, à savoir l'ichtyomorphisme, l'amphibiomorphisme, le sauromorphisme, le théromorphisme, le pithécomorphisme et l'anthropomorphisme[9].

---

8 La constitution de cette paléontologie fonctionnelle exige, selon Leroi-Gourhan, l'étude dynamique de cinq facteurs indissociables qui sont : l'organisation mécanique de la colonne vertébrale et des membres, élément qui porte sur les contraintes locomotrices, la suspension crânienne, la denture, la main, le cerveau. Je ne retiendrai ici que les facteurs qui servent directement pour éclairer l'idée directrice de la pensée de Leroi-Gourhan.

9 Les éléments de cette partie ont fait l'objet de la thèse ès sciences de Leroi-Gourhan : *Equilibre mécanique du crâne des Vertébrés terrestres*, soutenue à Paris en 1954 et éditée tardivement sous le titre : *Mécanique vivante. Le crâne des Vertébrés du poisson à l'homme*, Paris, 1983.

Sans entrer dans les détails d'une longue analyse qui ferait appel à des connaissances approfondies en géologie et en paléontologie, inutiles pour mon propos – mais dont je voudrais, au passage, souligner la grande richesse –, il me faut rapidement rappeler ses étapes principales en mettant en exergue les caractéristiques remarquables qui ont permis, il y a à peine cinq millions d'années, l'apparition d'un être humain.

2.1 L'ichtyomorphisme

Il faut d'emblée noter que chez les Poissons *tous les éléments qui permettent d'analyser les Vertébrés jusqu'à l'homme sont en place : boîte rigide du crâne, qui charpente la bouche et protège le cerveau, organes locomoteurs étroitement liés à la base de la boîte crânienne* [I, 46]. En ce sens, le poisson constitue bien le point de départ de l'analyse fonctionnelle des différentes formes animales. Celle-ci est, du reste, la plus ancienne puisqu'elle remonte au Dévonien (milieu de l'Ere Primaire). Mais *ce bloc céphalique est solidarisé sans mobilité avec le corps par des groupes musculaires et l'axe vertébral n'y joue aucun rôle de soutien particulier* [I, 60-61].

2.2 L'amphibiomorphisme

Avec les premiers Amphibiens, dans la deuxième moitié de l'Ere Primaire, le passage de la vie aquatique à la vie terrestre est réalisé – au moins de façon temporaire. Mais ce passage *implique des contraintes mécaniques nouvelles puisque la tête n'est plus soutenue dans un milieu de densité élevée et qu'elle se trouve en porte-à-faux au bout du corps* [I, 64]. Les Amphibiens ne présentent, à cet égard, que des ébauches de solution : la tête ne fait plus bloc avec l'épaule et acquiert une certaine mobilité.

2.3 Le sauromorphisme

Les Sauriens, apparus peu avant ou au début de l'Ere Secondaire, sont les premiers Vertébrés qui résolvent vraiment les problèmes d'équilibre mécanique en milieu terrestre. Le crâne suspendu implique une contrainte musculaire constante, et la base du crâne s'élargit pour permettre l'insertion de muscles qui commandent les mouvements de la tête dans tous les sens.

2.4 Le théromorphisme

Les Reptiles de la fin de l'Ere Primaire (Permien) accèdent à la locomotion quadrupède dressée : le corps est alors supporté par quatre pattes massives, et la tête éloignée du sol. Simultanément apparaît un cou allongé qui permet à la tête de se mouvoir dans un champ étendu. Il faut noter combien le théromorphisme est une étape capitale dans l'évolution : elle touche non seulement la plupart des Reptiles, mais aussi la totalité des Mammifères éteints et vivants, excepté les Anthropiens. De ce stade morphologique se dégagent deux tendances générales qui concernent particulièrement les Mammifères : les uns utilisent la main pour effectuer certaines opérations, les autres uniquement la tête ; *il en résulte une division entre Mammifères marcheurs exclusifs et Mammifères au moins transitoirement préhenseurs* [I, 76]. Les Mammifères marcheurs sont herbivores et présentent des extrémités spécialisées pour la marche, tandis que les préhenseurs ont un régime omnivore ou carnivore. Parmi ces derniers, beaucoup peuvent prendre la station assise et libérer ainsi leurs mains.

2.5 Le pithécomorphisme

Il constitue un stade morphologique fonctionnellement distinct des autres. *Les singes sont en effet les seuls Mammifères à préhension constante, pendant la marche arboricole comme pendant les opérations manuelles de la station assise* [I, 82]. Il est, de fait, important de noter qu'à la différence des autres animaux arboricoles qui s'accrochent aux branches, les singes les saisissent entre les quatre doigts et le pouce opposable. L'étude d'une série de Primates allant du colobe au gorille, en passant par le cercopithèque et le macaque – c'est-à-dire des Primates les plus primitifs aux plus évolués – montre bien, du reste, une efficacité et une précision dans le dispositif d'opposition du pouce par rapport aux autres doigts de plus en plus grande, ce qui correspond à *une locomotion de plus en plus fondée sur la prééminence préhensive de la main par rapport au pied, à une station assise de plus en plus redressée, à une denture de plus en plus courte, à des opérations manuelles de plus en plus complexes et à un cerveau de plus en plus développé* [I, 83-84].

2.6 L'anthropomorphisme

Tout à fait distincte du stade des singes, cette formule est uniquement représentée par la famille des Anthropiens. Elle présente un schéma fonctionnel particulier qui se caractérise par *l'adaptation de la charpente corporelle à la marche en bipédie* [I, 90] qui se traduit par *une disposition particulière du pied dont les doigts sont en rayons parallèles ..., par des détails de construction du tarse et des os du membre inférieur et surtout par une adaptation du bassin qui porte en équilibre tout le poids du tronc. La colonne vertébrale présente des courbures de compensation dont la résultante est une verticale. Le membre antérieur est libre ... La tête a pour caractère essentiel de reposer en équilibre au sommet de la colonne vertébrale* [I, 90-92].

Ainsi donc, au terme de ce très long périple qui nous a entraînés de l'Ere Primaire à l'Ere Quaternaire, Leroi-Gourhan a dégagé une fresque évolutive en six stades morphologiques fonctionnellement distincts dont chacun présente, par rapport à celui qui le précède, une adaptation dont le rôle moteur de libération par rapport au milieu transparaît en filigrane au fil de l'analyse. *Les grandes étapes de l'ichtyomorphisme, de l'amphibiomorphisme, du sauromorphisme, du théromorphisme, du pithécomorphisme et de l'anthropomorphisme ... correspondent respectivement à l'équilibre en milieu aquatique, à la première libération par rapport à l'eau, à la libération de la tête, à l'acquisition de la locomotion quadrupède dressée, à l'acquisition de la station verticale assise et à celle de la station debout* [I, 60].

3 UNE IMAGE DIACHRONIQUE DE L'HOMME (Tableaux I et II)

Prise elle-même dans une temporalité qui la perfectionne, la grande famille des Anthropiens comprend un nombre varié de rameaux dont l'analyse des ossements exhumés justifie l'existence au sein de la systématique. Ceux-ci, pourtant, peuvent se ramener à quatre types humains distincts qui présentent chacun des caractéristiques propres.

Tableau I

DATATIONS	PERIODES	HUMANITÉS	ETHNOGRAPHIE
HISTOIRE			
0 – 450	Deuxième Age du Fer (La Tène)	*Homo sapiens sapiens*	
450 – 850	Premier Age du Fer (Hallstatt)	*Homo sapiens sapiens*	Apparition d'une classe guerrière
850 – 1.800	Age du Bronze	*Homo sapiens sapiens*	Apparition de marchands
1.800 – 4.000	Néolithique	*Homo sapiens sapiens*	Sédentarisation. Agriculture, élevage
4.000 – 9.000	Mésolithique	*Homo sapiens sapiens*	Pêche, arc, chien
9.000 – 35.000	Paléolithique supérieur	*Homo sapiens sapiens*	Premières manifestations esthétiques
35.000 – 200.000	Paléolithique moyen	*Homo sapiens neandertalensis*	Premières sépultures
200.000 – ± 1.000.000	Paléolithique inférieur	Archanthropiens (Pithécanthropes, Sinanthropes, etc.)	Invention du feu
> 1.000.000	Paléolithique archaïque (Afrique)	*Homo habilis* Australopithèques	Premiers outils en pierre taillée

Tableau II

CHRONOLOGIE	HOMMES FOSSILES	INDUSTRIES PRÉHISTORIQUES	ETHNOGRAPHIE
10.000	Néanthropes	Industries sur lames	Sédentarisation.
35.000	*NÉANTHROPIEN* *Homme de Cro-Magnon*		Plus anciennes manifestations de l'art.
80.000	Paléanthropes	Débitage Levallois	Plus anciennes sépultures.
125.000			
200.000			
300.000	*PALÉANTHROPIEN* *Skhul V (Neandertal)* Archanthropes		Invention du débitage Levallois.
600.000		Bifaces	Plus anciennes manifestations d'un rituel. Plus anciens campements organisés en plein air. Invention du feu. Plus anciens bifaces.
700.000			
1.400.000	*ARCHANTHROPIEN* *Pithécanthrope de Java*		
1.800.000		Industries sur galet	
2.000.000	Australanthropes		Plus anciens témoignages d'une vie sociale organisée.
3.000.000			Plus anciens outils taillés.
3.500.000			
4.000.000	*AUSTRALANTHROPIEN* *Australopithèque*		

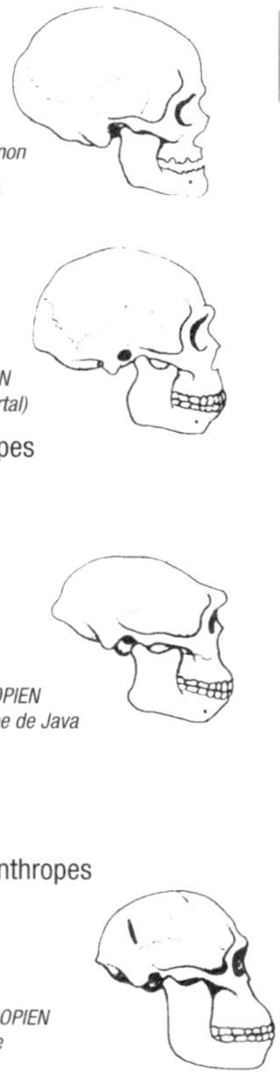

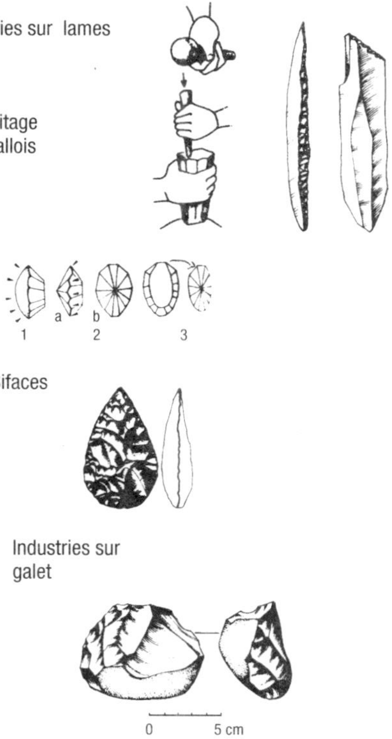

3.1 Les Australanthropes

Ils ont vécu en Afrique à la fin du Tertiaire et au début du Quaternaire et comprennent les Australopithèques, les Plésianthropes, les Paranthropes, les Zinjanthropes. L'étude des restes osseux retrouvés témoigne du fait que ces plus anciens Anthropiens sont bipèdes, qu'ils ont un bras dont la longueur est normale par rapport à celui de l'homme et que leur alimentation est partiellement carnivore. On a donc bien affaire, avec les restes osseux de ces petits bipèdes, à nos ancêtres les plus lointains. Une différence importante pourtant se marque – mais *de degré et non de nature* [I, 95] –, c'est le volume extraordinairement réduit du cerveau[10].

3.2 Les Archanthropes

Ils suivent les Australanthropes et comprennent les Pithécanthropes, les Sinanthropes, les Atlanthropes ... Ils possèdent encore une force énorme et un crâne très réduit par rapport au nôtre. La morphologie du front rappelle celle des Australanthropes ; mais le volume cérébral a déjà gagné en importance[11]. Par ailleurs, il faut remarquer une charpente osseuse dont la proximité morphologique avec celle de l'homme actuel en souligne la parenté.

3.3 Les Paléanthropes

Ils comprennent essentiellement les Néandertaliens et assurent le dernier maillon de la chaîne évolutive avant l'homme actuel. Ce sont des Anthropiens équipés d'un cerveau dont le volume est équivalent ou un peu supérieur au nôtre[12]. Ils présentent un crâne dilaté dans sa partie occipitale et un front qui reste peu marqué.

---

10 Je rappelle, à titre indicatif, que les estimations du volume cérébral des Australopithèques varient de 400 à 600 cm^3.

11 Les estimations pour le volume cérébral chez les Archanthropiens sont de 600 à 1.200 cm^3.

12 Les estimations du volume cérébral pour les plus vieux Paléanthropiens vont de 1.200 à 1.300 cm^3 ; pour les Néandertaliens, elles vont de 1.400 à 1.600 cm^3.

3.4 Les Néanthropes

Ils comprennent les représentants d'une seule espèce : *Homo sapiens*. Par rapport aux Paléanthropes qui les précèdent, les Néanthropes se caractérisent par *l'envahissement progressif des territoires frontaux sans augmentation du volume* [et] *l'allégement progressif de la charpente faciale* [I, 169][13]. L'*Homo sapiens* existe depuis environ trente mille ans, et on peut déjà esquisser, à travers l'étude des différentes races, un bilan de son développement physique. Des plus vieux représentants – ceux qui ont peuplé notre préhistoire la plus récente – aux hommes actuels, *le volume cérébral ne marque aucune tendance nette à augmenter ... Les dimensions faciales, par contre, tendent à diminuer* [I, 181].

3.5 L'homme du futur

La question de savoir comment l'homme peut encore évoluer sans rien perdre de ses caractéristiques fondamentales oriente les recherches vers les remaniements possibles de l'édifice crânien. Or, de ce côté tout est stabilisé. En outre, aucun changement majeur ne peut plus guère se produire sans entraîner la perte de la main, de la denture et donc de la station debout. Et on ne voit pas de quoi l'homme pourrait encore se libérer sans changer du même coup d'espèce. On peut, en effet, se demander en quoi *une humanité anodonte et qui vivrait couchée en utilisant ce qui lui resterait de membres antérieurs pour appuyer sur des boutons* [I, 183] serait encore humaine. Dans cette optique, l'homme ne serait plus qu'une espèce de cerveau surpuissant, une sorte d'intelligence pure, mais ne pouvant plus effectuer aucun geste créateur ; il ne serait que pure pensée, mais de laquelle aucune technique ne pourrait jaillir, condamnant en quelque sorte ce cerveau à penser un monde extérieur sur lequel il ne pourrait même plus agir – sauf par l'intermédiaire de machines –, condamnant donc le corps et le cerveau à se refermer sur sa propre pensée. Mais dans ce cas se pose la question de savoir si l'on peut encore considérer avoir affaire à un être humain. En réalité, si le stade que nous avons atteint aujourd'hui correspond bien au point évolutif optimum de notre espèce, nous ne pouvons plus qu'espérer rester ce que nous sommes ou

---

13 Le volume cérébral chez les Néanthropiens vaut en moyenne de 1.400 à 1.550 cm^3.

disparaître ; cependant notre *extinction laisse peut-être quelques dizaines de millénaires de répit* [I, 184] à moins que l'homme, en utilisant les lois génétiques, ne parvienne à suspendre, pendant un certain temps, le cours de son évolution ...

3.6 L'architectonique du crâne chez les Anthropiens : une évolution mécaniste

Le redressement postural à partir des singes a entraîné le déplacement du trou occipital vers la face. Dès l'Australanthrope, en effet, le trou occipital est situé sous le crâne et non obliquement vers l'arrière ; ceci signifie que le crâne est porté par l'axe vertébral au lieu d'y être suspendu, ce qui *a eu pour conséquence de libérer partiellement l'arrière-crâne des contraintes mécaniques en reportant sur le bloc facial tout le dispositif d'absorption des contraintes mandibulaires* [I, 97-98]. Et cette libération des contraintes musculaires va permettre la progressive dilatation ou, suivant l'expression de Leroi-Gourhan, la pneumatisation du crâne.

Dès l'Australanthrope, la région occipitale va prendre un aspect arrondi « très humain » ; elle va, en outre, avec la région temporale gagner en volume par rapport aux singes. Ce processus se poursuit avec les Archanthropes et encore davantage avec les Paléanthropes où la zone occipitale apparaît comme dilatée. Ce fait est frappant et contraste avec la situation antérieure du crâne où l'épaisse visière sus-orbitaire cache un front bas et étroit. Et pour Leroi-Gourhan, à ce stade *le problème paléontologique le plus important demeure par conséquent celui de la libération du front chez l'Homo sapiens, libération qui est corrélative d'un remaniement profond de la face, au cours duquel apparaissent le front, les pommettes et le menton* [I, 102]. En effet, la charpente faciale du crâne humain est construite sur quatre « piliers » : deux sont constitués par les premières molaires et deux par les canines. Ce remodelage de la face est la réponse mécanique à une régression dentaire amorcée dès les Australanthropes et dont les conséquences sont la disparition du bourrelet sus-orbitaire, l'apparition d'un menton et l'apparition des pommettes.

Ainsi donc, toute l'architectonique du crâne anthropien se résout, selon Leroi-Gourhan, en termes purement mécaniques : un processus s'amorce, des contraintes sont libérées, la zone libérée se développe, son développement entraîne des changements qui touchent les zones connexes, celles-ci répondent mécaniquement aux modifications intervenues jusqu'à l'obtention d'un nouvel équilibre. L'évolution du crâne anthropien est donc réductible à une équation dont les termes s'exprimeraient en termes de dynamique mécaniste et dont la solution se donnerait en termes d'équilibre structural.

3.7 Le cerveau : un épiphénomène évolutif

La libération des contraintes musculaires – on l'a vu – a permis la pneumatisation progressive de la boîte crânienne. Et celle-ci peut, à son tour, être graduellement envahie par un cerveau dont aucun obstacle ne freine plus le développement. *Tout se passe en somme comme si le cerveau venait progressivement occuper les territoires antérieurs à mesure qu'ils sont libérés des contraintes mécaniques de la face* [I, 104]. Ce n'est donc pas, comme on l'a prétendu, le cerveau qui se développe en entraînant la pneumatisation du crâne et la diminution de la face, mais au contraire *l'expansion cérébrale qui coule en quelque sorte le cerveau là où les résistances cèdent* [I, 105] : *le cerveau « suit » le mouvement général, mais n'en est pas le moteur* [I, 117]. D'autre part – et pour des raisons qui renvoient toujours au redressement postural – on observe, du singe à l'homme, une incurvation du plancher cérébral. Or, celle-ci *n'est géométriquement concevable que conjointe à une augmentation sensible de la circonférence que décrit la voûte crânienne* ... [qui] *s'ouvre littéralement comme un éventail* [I, 110]. Ce déploiement de l'éventail crânien, qui augmente sans discontinuité des Australanthropes aux Néanthropes, intéresse la région fronto-temporo-pariétale moyenne.

Dans la mesure où l'encéphale occupe chez l'homme toute la surface de la voûte crânienne, on peut affirmer que, du Zinjanthrope à l'*Homo sapiens*, le fait le plus significatif du point de vue de l'évolution cérébrale, est l'augmentation du cortex moyen. Conséquence capitale : alors que l'évolution corporelle est en place dès l'aube de l'humanité, l'évolution cérébrale n'en est à ce moment qu'à son début. Celle-ci ne s'accomplira qu'à travers les divers Anthropiens et donnera l'image – Leroi-Gourhan s'en souviendra lorsqu'il abordera l'homme technique puis l'homme social – d'un homme qui s'humanisera davantage à chaque humanité.

4 VERS UNE PALÉONTOLOGIE DU GESTE : AUX SOURCES DE LA TECHNIQUE

4.1 Motricité et verbalité

Au cours des différentes humanités qui se sont succédé, le cerveau a subi une double évolution : il a, en effet, non seulement gagné en poids, mais il a aussi fait l'objet de modifications importantes au niveau des circonvolutions cérébrales. Ceci implique évidemment de grandes différences au niveau du développement intellectuel pour chaque type anthropien. Toutefois, l'étude des moulages endocrâniens réalisés sur les différents fossiles qui ont pu être reconstitués montre que, dès le départ, le cerveau de l'Australanthrope est celui d'un homme. Or, on sait qu'un outillage fruste a été retrouvé associé à des restes de cet Anthropien en Afrique. La technicité est donc un fait qui caractérise **en propre** l'humain dès ses lointaines origines. Leroi-Gourhan rappelle, à cet égard, que la technicité élémentaire du singe se distingue irréductiblement de celle de l'homme : *il y a un abîme insondable entre l'acte du singe emmanchant deux bambous pour monter sur une caisse et décrocher une banane et le geste de fabrication du Zinjanthrope* [I, 117]. L'homme occupe donc une position originale par rapport aux singes, dont la paléontologie va devoir rendre compte. Le problème sera de rechercher dans *l'organisation du dispositif cérébral* [ce] *qui permet à l'homme de se distinguer du singe dans l'exercice de la technicité* [I, 119].

Tout d'abord, si l'on considère l'homme à travers les différentes étapes de son humanisation, on constate qu'il présente une formule fonctionnelle originale par rapport à celle des autres animaux, Primates compris, puisque le membre antérieur, libéré des contraintes de la locomotion, est disponible pour des activités de fabrication et que les organes de la face ont reçu une importance telle qu'ils permettent l'existence de sons articulés en un langage. D'autre part, on sait que les territoires de la face et de la main occupent dans le cerveau une situation topographique commune et qu'ils sont contigus dans une même zone cérébrale (aire 4) – chez le singe et l'homme –, ce qui explique l'étroite coordination que l'on observe entre l'action de la main et celle des organes de la face. Mais alors que chez le singe cette liaison concerne presque exclusivement les activités nutritionnelles, chez l'homme la situation se complexifie puisque le développement de zones d'association entourant le cortex moteur de la face et de la main – qui a gagné en importance chez les différents Anthropiens grâce au développement de l'éventail cortical – va permettre l'élaboration de symboles phonétiques et graphiques. De plus, tout autour de ce même dispositif moteur sont groupées des cellules neurales visuelles et auditives qui permettent d'y intégrer les impressions sensorielles. Ceci va assurer un nouveau type de liaison entre la main et les organes de la face, qui va toucher tout spécialement l'exercice du langage. En effet, *cette coordination qui s'exprime dans le geste comme commentaire de la parole reparaît dans l'écriture comme transcription des sons de la voix* [I, 122]. Or, ceci est capital, car il ressort de cet examen qu'il existe chez l'homme, dès l'origine et tout au long de son évolution, *un lien étroit entre l'apparition du langage et celle de la technicité manuelle proprement humaine qui est marquée par les premiers outils fabriqués*[14]. Il ne saurait, dans ces conditions, être question de distinguer *Homo faber* d'*Homo sapiens*, puisque les deux s'enracinent de manière identique au plus profond de notre être et que cette union trouve son origine dès les premières lueurs de l'humanité. L'homme, dès le départ, *dispose de deux instruments : l'outil et le langage*[15] et l'histoire de l'homme sera donc aussi leur histoire.

4.2 Les stéréotypes[16]

Ainsi donc, la condition de possibilité de la technicité apparaît avec le développement humain du cerveau, et l'Australanthrope est, en effet, d'emblée cet être de technique. Pourtant, bien qu'humain dès ce moment, le cerveau a lui-même encore une longue histoire évolutive à vivre avant d'arriver à *Homo sapiens*. Et on peut dès lors se demander quels sont les rapports que nouent l'évolution du cerveau anthropien et le développement de la technique. Les vestiges archéologiques sont ici précieux, puisque tout au long de sa préhistoire, l'homme a taillé des outils dans des roches que le temps – tellement destructeur par ailleurs – nous a conservés ; la confrontation diachronique des deux est donc possible.

Il faut, pour résoudre le problème ici posé, se rappeler le fait que l'outil doit son élaboration au développement humain du cerveau. L'outil est donc

14 A. Leroi-Gourhan, *Technique et société chez l'animal et chez l'homme*, Paris, 1957, p. 21 et id., *Le fil du temps, o.c.*, 1983, p. 118.

15 A. Leroi-Gourhan, « L'illusion technologique », in *La Technique et l'Homme*, Paris, 1960, p. 72 et id., *Le fil du temps, o.c.*, 1983, p. 130.

16 L'illustration des différents stéréotypes en liaison avec les types humains qui leur correspondent figure dans le tableau II (p. 27).

une véritable sécrétion du corps et du cerveau des Anthropiens [I, 132]. Et pour Leroi-Gourhan, *il est logique, en ce cas, d'appliquer à tel organe artificiel les normes des organes naturels : il doit répondre à des formes constantes, à un véritable stéréotype* [I, 132]. Du reste, tous les produits de l'industrie humaine répondent à de tels stéréotypes (couteaux, haches, avions ...) qui ne sont *pas seulement le produit d'une intelligence cohérente, mais le produit de cette intelligence intégrée dans la matière et la fonction* [I, 132-133]. Or, du passé préhistorique de l'homme subsistent des types d'outils en pierre taillée constants dont l'évolution répond précisément à celle des différents types humains. Il existe donc, pour le dire autrement, des stéréotypes qui caractérisent en propre les groupes humains qui les ont produits.

4.2.1 *Le stéréotype australanthropien*

Il est l'œuvre des « Australopithèques » et se compose de galets sur lesquels on a aménagé, par percussion directe, un tranchant soit par des enlèvements qui ne concernent qu'un des bords du galet (choppers), soit par des enlèvements qui touchent les deux bords (chopping-tools). On a, dans ce cas, l'obtention d'un outil constitué d'un simple tranchant par l'application d'un même geste plusieurs fois répété et qui consiste à frapper l'outil perpendiculairement par rapport à son axe pour en détacher une série d'éclats. Cet outil, cependant, pour simple qu'il soit – et Leroi-Gourhan fait d'ailleurs remarquer que cette simplicité est conforme à ce qu'on sait du cerveau de l'Australopithèque – *implique un état réel de conscience technique* [I, 134] ; il nous met donc bien en présence d'une humanité déjà réalisée.

4.2.2 *Le stéréotype archanthropien*

Il est l'œuvre de divers Anthropiens (Pithécanthropes, Sinanthropes, Atlanthropes ...) qui occupent toute la durée du Quaternaire ancien et qui se caractérisent par un crâne encore verrouillé à l'avant et un cerveau d'environ 1.000 cm^3, soit à peu près le double par rapport à celui des Australanthropiens. Les outils des Archanthropiens ont subi une nette évolution et se laissent enfermer dans deux catégories essentielles : les outils réalisés sur nucléus – les bifaces – et les outils réalisés sur de gros éclats détachés du noyau de matière première – les hachereaux. L'évolution depuis les Australanthropiens s'est faite dans le sens d'une acquisition de gestes supplémentaires, puisqu'à la frappe perpendiculaire s'est ajoutée une série de percussions appliquées tangentiellement par rapport au grand axe du nucléus. Ceci implique un taux de précision élevé dans le déroulement des opérations techniques d'une part, et la nécessité d'entrevoir ou même d'avoir déterminé à l'avance l'outil fini d'autre part. Cette « prédétermination » se marque, en effet, par la nécessité dans laquelle l'Archanthrope se trouve de devoir choisir au départ un nucléus dont la forme naturelle rende possible l'obtention d'un biface, et dans le choix soigneux du point qu'il percutera pour la réalisation de son hachereau, puisque l'endroit où se trouve le point d'impact détermine dans le futur outil le tranchant actif dont il a besoin.

Il est frappant de constater à quel point, selon Leroi-Gourhan, ce stéréotype est resté constant à lui-même, et ce pendant une durée aussi longue ; si l'on excepte une lente évolution qui lui ajoute quelques formes et augmente la finesse de son exécution, ce stéréotype n'a subi aucune modification fondamentale pendant plusieurs centaines de milliers d'années, ce qui laisse à penser que *la technicité chez l'homme pendant la plus grande partie de sa durée chronologique (...) relèverait donc plus directement de la zoologie que de toute autre science* [I, 140].

4.2.3 *Le stéréotype levalloiso-moustérien*

Il est l'œuvre des Paléanthropiens qui ont vécu pendant toute la durée du Paléolithique moyen, soit de 200.000-300.000 jusque vers environ 50.000 ans avant notre ère[17]. Ces Anthropiens, dont Leroi-Gourhan distingue une forme ancienne (Steinheim, Saccopastore) et une forme plus récente – les Néandertaliens – qu'il associe à l'industrie moustérienne, présentent des caractères qui permettent *de penser que la courbe de leur évolution correspond à la suite de celle des Archanthropiens* [I, 141]. Le crâne néandertalien présente une morphologie particulière, du fait qu'il conserve la visière sus-orbitaire mais gagne en volume dans la région occipitale fortement pneumatisée. Il abrite un cerveau identique au nôtre par son volume, mais différent par sa morphologie, puisque les territoires pré-frontaux – dont nous verrons l'importance capitale – sont encore restreints.

17 Le Paléolithique moyen se termine vers 35.000 avant notre ère, mais on trouve encore des formes « néandertaloïdes » durant le Châtelperronien entre 35.000 et 30.000 (cf. Saint-Césaire en Charente-Maritime). La borne chronologique de 50.000 ans adoptée par Leroi-Gourhan ne rend donc pas compte de la réalité. Nous verrons comment s'explique ce décalage.

Du point de vue technique, le stéréotype réalisé par les Paléanthropiens a subi une évolution fondamentale par rapport à celui du stade antérieur[18] avec l'apparition de ce qu'on a appelé la « technique Levallois ». Avec cette technique, le nucléus a été aménagé en vue de pouvoir en extraire des éclats utilisables comme outils. Le bloc de matière première ne sert plus, dans ce cas, à fournir un outil, mais il devient lui-même la source des éclats qui seront les outils. Cette technique réclame un savoir-faire remarquable qui nécessite une série de gestes soigneusement coordonnés : *l'extraction de la pointe* [Levallois] *exige au minimum six séries d'opérations rigoureusement enchaînées, conditionnées les unes par les autres et supposant une rigoureuse prévision. Ces opérations mobilisent et combinent les deux séries de gestes qui avaient été acquises par les Archanthropiens* [I, 145]. La réalisation de ce stéréotype requiert donc un pouvoir d'abstraction très important puisque l'homme paléolithique doit déjà, avant même d'avoir porté le premier coup sur le bloc de silex, avoir à l'esprit l'outil fini et la succession précise des gestes qui permettront d'y arriver. On peut donc affirmer que *l'industrie lithique des Paléanthropes témoigne par conséquent d'une intelligence technique déjà extrêmement développée* [I, 146].

Mais il y a plus : les derniers Paléanthropiens ont, en effet, laissé des manifestations de caractère esthético-religieux qui témoignent du fait que leur intelligence n'était plus strictement technique. Ces manifestations peuvent se regrouper en deux catégories qui comprennent des témoignages de réactions face à la mort (premières sépultures connues) et des témoignages de réactions face à l'insolite (ocre rouge, coquilles fossiles et nodules de pyrite d'Arcy-sur-Cure en France, boulettes calcaires avec fragments de silex et d'os à El Guettar en Tunisie). Nous sommes donc assurés qu'il y avait chez les Néandertaliens avec les sépultures au moins les linéaments d'un affect, et avec les témoins insolites l'annonce de préoccupations esthétiques – phénomènes essentiels de l'humanité, mais absents chez les premiers anthropiens.

4.2.4 *L'ultime libération*

Arrivé au Paléanthrope, on perçoit l'amorce d'un tournant décisif : le glissement technique qui s'est produit et l'apparition de manifestations de

18 Il s'agit bien dans l'esprit de Leroi-Gourhan d'une évolution, puisque, selon lui, une percussion de plus en plus tangentielle aurait détaché du biface des éclats importants qui auraient servi comme outils. Voir à ce sujet : A. LEROI-GOURHAN, *o.c.*, I, 1964, p. 143.

caractère esthético-religieux placent les Néandertaliens à un point charnière de l'évolution de l'homme, qui annonce une nouvelle libération. Cette nouvelle libération – l'ultime pour notre espèce – va affranchir l'homme des stricts liens qui l'emprisonnaient dans le biologique. Car, si l'on y réfléchit, chez les premiers Anthropiens l'outil ne résulte pas d'un acte créateur mais d'une nécessité zoologique interne. *L'Australanthrope, lui, paraît bien avoir possédé ses outils comme des griffes* [I, 151]. Et c'est donc *comme si son corps les exsudait progressivement* [I, 151-152]. Par ailleurs, si l'on considère les centaines de millénaires qui ont été nécessaires aux Australanthropes et aux Archanthropes pour l'élaboration d'un outillage extrêmement fruste d'abord et limité en types, puis très progressivement plus affiné et de plus en plus varié, on constate que *les techniques … suivent des lignes qui miment à tel point l'évolution phylétique qu'on peut se demander dans quelle mesure elles ne sont pas l'exact prolongement du développement général des espèces* [I, 152]. Les Néandertaliens, puis surtout les Néanthropes (*Homo sapiens*), en revanche, vont parvenir à se dégager de cette astreinte au biologique grâce à des possibilités cérébrales nouvelles qui vont entraîner, du point de vue de la technique, un mouvement ascensionnel foudroyant, et qui sera, du reste, intimement lié au facteur social.

4.2.5 *Multiplicité des stéréotypes chez les Néanthropes*

Les Néanthropes ne comprennent qu'une seule espèce – *Homo sapiens* – mais de multiples variétés raciales[19]. L'étude de l'histoire de ces Anthropiens, forcément très courte à l'échelle humaine tout entière puisqu'elle n'a débuté que depuis environ 30.000 ans, rend compte d'une évolution cohérente qui poursuit le processus mis en place avec les Paléanthropiens. Au niveau de l'édifice crânien, on observe, par rapport à ces derniers, une diminution en volume du massif facial et une réduction de l'arcade dentaire. Ceci a pour conséquence – outre le fait déjà mentionné de l'apparition du menton et des pommettes – *de mettre de plus en plus le front en surplomb* [I, 181], front qui connaît, à ce stade, un développement assez spectaculaire par suite de ce que l'auteur nomme le déverrouillage pré-frontal. Le volume cérébral n'a, quant à lui, pas changé : *les transformations essentielles ont dû se faire par*

19 Il est à noter qu'il a pu exister autant de variétés raciales pour les formes anthropiennes antérieures à *Homo sapiens*, mais la difficulté de pouvoir établir ce fait par des mensurations d'une part, et la pauvreté des restes exhumés d'autre part, ne permettent pas de le prouver.

remaniements dans les proportions des différentes parties du cerveau et non par apport de matière nouvelle [I, 184]. C'est bien, en effet, ce qui s'est passé au niveau du cerveau antérieur qui a été fortement remodelé. Cette partie est divisée en deux zones : le néo-cortex à l'avant des aires prémotrices et le rhinencéphale. Ce dernier contrôle les émotions et est en quelque sorte *le centre d'intégration affective dans l'appareil cérébral* [I, 185]. Le néo-cortex, bien connu aujourd'hui par les expériences chirurgicales, *est considéré … comme intervenant de manière prépondérante dans la maîtrise des opérations, la prévision, la conscience lucide* [I, 185-186].

C'est donc au niveau du cerveau pré-frontal que se trouvent les dispositifs de régulation affective, de maîtrise technique, mais aussi de jugement ; bref, *c'est à partir du moment où il prend une importance prépondérante qu'on peut faire intervenir la notion d'intelligence et de réflexion au sens pleinement humain du terme* [I, 186]. Et à cette intelligence doit faire honneur une technicité dont le niveau lui corresponde. C'est précisément ce que l'on observe : la libération de la technique de l'astreinte au biologique, déjà amorcée avec les derniers Paléanthropiens, va connaître avec *Homo sapiens* un apogée foudroyant. C'est en considérant attentivement l'évolution de certaines caractéristiques de l'outillage lithique que le fait s'imposera le plus clairement. Ainsi, la mesure de la longueur des tranchants utiles pour un même poids de matière brute est révélatrice du fait que celle-ci augmente de façon exponentielle pour chacun des stéréotypes[20]. Et cette augmentation se fait elle-même en des temps de plus en plus courts[21]. D'autre part, l'étude du nombre de types d'outils différents à travers les diverses humanités montre une évolution vers une spécialisation de plus en plus importante, avec une croissance explosive de formes différentes aux alentours de 35.000/30.000 avant notre ère[22]. Enfin, la recherche de particularités typologiques suscep-

20 Pour 1 kg de matière brute, on obtient quelque 40 à 60 cm de tranchant utile pour les choppers et chopping-tools (stéréotype australanthropien) ; jusque 1,20 m pour les bifaces acheuléens (stéréotype archanthropien) ; 2 m pour les éclats Levallois, 4 m pour les pointes Levallois (stéréotype paléanthropien) ; puis jusqu'à 20 m pour les lames du Paléolithique supérieur et plus de 100 m de tranchant utile pour certains microlithes du Mésolithique (stéréotype néanthropien). Voir A. LEROI-GOURHAN, *o.c.*, I, 1964, p. 192, graphique 64.

21 Australanthropes et Archanthropes occupent environ 70 % des temps quaternaires ; 25 % sont occupés par les Paléanthropes et 5 % par les Néanthropes (chiffres donnés par A. LEROI-GOURHAN, *o.c.*, I, 1964, p. 174).

22 Cf. graphique dans A. LEROI-GOURHAN, *o.c.*, I, 1964, p. 196. Leroi-Gourhan rappelle, à cet égard (pp. 199-200), l'importance brusque que prennent l'industrie sur os et la parure au Paléolithique supérieur.

tibles de fournir des indications sur la diversification des ethnies montre qu'on n'observe aucune variante remarquable autre que celles dues à la matière première. Jusqu'aux anciens Paléanthropiens, les types d'outils en usage se retrouvent de façon homogène à travers les territoires occupés par les Anthropiens qui en sont les auteurs. Mais pour les Néanthropes, la situation connaît un bouleversement : on perçoit clairement, dès le début du Paléolithique supérieur, l'existence de nombreuses variétés régionales qui attestent d'une véritable diversification culturelle. *Si, sur plusieurs centaines de milliers d'années, de Grande-Bretagne en Afrique du Sud, le biface reste inchangé, au Paléolithique supérieur en l'espace de 20.000 ans et pour la seule Europe occidentale, les vingt types fondamentaux d'outils offrent plus de deux cents variantes* [I, 204].

On assiste donc bien ici au développement d'une humanité qui s'impose décisivement comme telle grâce à un cerveau qui a acquis évolutivement la possibilité de penser et de créer librement. Libéré d'une pensée technique dont l'existence était nécessairement et strictement biologique, l'homme va trouver sa place dans un groupe social qui pourra devenir autonome par rapport à d'autres groupes sociaux, entraînant la diversification culturelle que nous avons vue. Cette diversification sera désormais le régulateur principal de l'évolution au niveau de l'*Homo sapiens* [I, 204].

4.3 Techniques et technicité

Avant d'examiner la dimension sociale, il nous faut encore un peu nous attarder sur les techniques, et en particulier sur le problème de l'évolution de la technicité. Dans les pages précédentes, il a été essentiellement question des acquis techniques dont les diverses formes d'hominidés avaient eu la possibilité de bénéficier : chopper, biface, éclat Levallois, outillage sur lame avec subite diversification des types d'outils (grattoirs, burins, couteaux, pointes ...). Or, cette seule considération est insuffisante car *l'outil n'existe que dans le cycle opératoire* [II, 35]. Et l'étude des techniques doit comprendre, si elle ne veut pas rester une « systématique », l'étude des gestes. *La technique est à la fois geste et outil, organisés en chaîne par une véritable syntaxe* [I, 164]. On se souvient que Leroi-Gourhan a montré que l'outil était, en quelque sorte, le produit d'une sécrétion du cerveau[23]. Or, c'est à une conclusion semblable qu'il aboutit avec l'analyse du geste technique, *car on*

23 Cf. supra II, 4.2.

y voit l'outil sourdre littéralement de la dent et de l'ongle du Primate sans que rien marque, dans le geste, la rupture décisive [II, 40].

En fait, entre les Primates et les Anthropiens, le dispositif ostéo-musculaire du bras et de la main n'accuse pas de différences essentielles, et on peut donc considérer que ces deux familles ont les mêmes possibilités gestuelles dont l'essentiel, pour les opérations techniques, est constitué par les opérations de préhension, de rotation et de translation. Et celles-ci, du Primate à l'homme, n'ont pas changé de nature, mais ont développé une plus grande variété dans les buts, ainsi qu'une plus grande finesse dans l'exécution : l'homme, ne l'oublions pas, n'est qu'un maillon de la chaîne évolutive du vivant, les éléments fonctionnels qu'il partage avec les Primates en attestent.

Il reste cependant que le geste chez l'homme a un caractère spécifiquement humain et qui vient non du dispositif ostéo-musculaire – on vient de le voir – mais du dispositif nerveux : *la valeur humaine du geste n'est donc pas dans la main, dont la condition suffisante est qu'elle soit libre pendant la marche, mais précisément dans la marche verticale et dans ses conséquences paléontologiques sur le développement de l'appareil cérébral* [II, 41]. Et la conséquence fondamentale de ce développement, qui s'observe dès les manifestations techniques des premiers Anthropiens, c'est que sauf dans les opérations de manipulation, *la main cesse d'être outil pour devenir* ***moteur*** [II, 41 – moi qui souligne]. Ce fait constitue le point de départ à partir duquel toute l'évolution de la technicité va s'effectuer, au fil de laquelle le processus opératoire va progressivement s'extérioriser par rapport à l'homme.

Cette évolution peut être jalonnée par quatre stades qui se présupposent l'un l'autre[24]. Dès les premiers Anthropiens, l'action manipulatrice des Primates, dans laquelle le geste et l'outil se confondent, a fait place à la **motricité directe** dans laquelle l'outil est devenu séparable du geste moteur ; la main joue alors le rôle d'une pince qui manipule un dispositif moteur (grattoir, racloir ...). Ensuite apparaît, dès la fin du Paléolithique, la **motricité indirecte** dans laquelle la main n'apporte plus que son impulsion motrice à des machines manuelles qui exécutent le travail (propulseur, arc, poulies ...). A l'aube de l'histoire, la force motrice quitte le bras humain et la main ne sert plus qu'à **déclencher le processus moteur** (machines animales,

24 Cette partie a été longuement développée par Leroi-Gourhan dans *Le geste et la parole*, II, Paris, 1965, pp. 41-62. Je ne ferai que les rappeler brièvement. Je voudrais, d'autre part, mettre en évidence le fait que ces conclusions s'appuient sur une documentation énorme traitée dans la « technologie systématique » qui a fait l'objet de l'ouvrage en deux volumes *Evolution et techniques*.

moulins …). A cet égard, si *la première conquête du métal était une victoire de la main, celle de la vapeur consacra définitivement l'extériorisation du muscle* [II, 49]. Enfin, une dernière étape est marquée par les machines automatiques dans lesquelles la main **déclenche un processus programmé** (horloges, automates, ordinateurs …). A ce stade, l'outil, le geste et la motricité sont entièrement rendus extérieurs à l'homme. D'autre part, il est intéressant de remarquer que cette évolution présente toutes les caractéristiques d'une évolution biologique, dans la mesure où cette progressive extériorisation du geste et de l'outil *se développe dans le temps, comme l'évolution cérébrale, par addition d'éléments qui perfectionnent le processus opératoire sans s'éliminer l'un l'autre* [II, 42].

5 VERS UNE BIOLOGIE DES SOCIÉTÉS

5.1 L'organisme social

La nécessité, dans laquelle on se trouve, lorsqu'on tente d'approcher l'homme, d'aborder le facteur social n'a pas échappé à Leroi-Gourhan. On peut même affirmer qu'il a été, dès sa formation universitaire et jusqu'à la fin de sa vie, le filigrane de ses recherches. Mais ici encore, il ne s'agit pas tant de partir « du haut » – du fait social entièrement humanisé – comme le font le sociologue ou l'anthropologue social, que de pratiquer *une ethnologie des profondeurs* [où] *le fait social apparaîtrait comme un fait biologique général, mais totalement humanisé* [I, 211]. C'est dire qu'ici encore il s'agira de saisir le social à la racine pour en dégager la pertinence.

En réalité, selon Leroi-Gourhan, l'homme, par ses caractères anatomiques[25], est lié à la consommation d'aliments charnus tels que fruits, tubercules, pousses mais aussi chair d'animaux, larves d'insectes. Or, ce type d'aliments est non seulement clairsemé dans la nature mais encore soumis à des variations saisonnières importantes. Ainsi, l'homme *mangeur de produits charnus … s'est vu, au départ, imposer des conditions de groupement très précises. C'est là, de toute évidence, une constatation banale, mais sans laquelle, il n'existe pas de point de départ à l'étude du groupement humain*

25 Ces caractères anatomiques sont essentiellement une denture courte, des molaires broyantes, un tube digestif à estomac simple et un intestin de longueur moyenne.

[I, 212]. De ceci résultent deux conséquences fondamentales : la fréquentation prolongée d'un territoire dont les possibilités alimentaires sont parfaitement connues – ce qui renverse la vieille image qu'on a pu se faire d'un homme préhistorique errant au gré du hasard –, et la densité alimentaire de ce territoire impliquant un nombre limité d'êtres humains qui l'occupent. Ces conditions générales de départ posées, il faut alors envisager l'organisme social lui-même. Et celui-ci commence avec un noyau fondamental et irréductible : le groupe conjugal.

En fait, hommes et femmes, dans tous les groupes humains connus, ont entre eux des rapports techno-économiques intimement complémentaires dont le caractère organique peut être démontré. L'alimentation de l'homme implique deux types d'opérations : la chasse pour l'obtention de nourritures carnées et la cueillette pour la récolte de végétaux et de fruits. Tandis que la première activité, plus violente, est toujours attribuée à l'homme – le mâle étant plus agressif que la femelle –, la seconde est donnée à la femme, moins mobile que l'homme à cause de la lente croissance de l'enfant. Et donc, il *n'apparaît, pour le groupe primitif, pas d'autre solution organique que celle de la chasse masculine et de la cueillette féminine.* [Et] *l'humanisation de cet impératif biologique réside dans les modalités socio-religieuses qui en découlent pour chaque groupe humain* [I, 215].

Du point de vue social, le groupe conjugal constitue bien un noyau élémentaire, un atome, et doit posséder toutes les connaissances nécessaires pour sa survie. Dans la réalité, il n'est cependant que rarement isolé et celui-ci s'intègre au sein d'un groupe primitif qui lui-même est inclus dans un dispositif plus large comprenant une série de groupes élémentaires qui entretiennent entre eux des relations d'échanges de produits et de femmes. Et *l'idée de la promiscuité sexuelle « primitive » est aussi inexistante sur le plan biologique que celle de la « horde errante »* [I, 218]. Cette organisation sociale, parce qu'elle s'enracine dans des impératifs biologiques caractéristiques de la famille anthropienne, est universelle, et bien que les preuves de son existence soient lacunaires pour les Australanthropes et les Archanthropes, il semble bien, selon Leroi-Gourhan, qu'elle soit clairement établie dès le départ *dans sa forme par des lois qui seront paraphrasées par les cultures successives en termes de droit ou de dogme* [I, 222].

5.2 Les modes d'organisations sociales

Presque toute l'histoire de l'humanité s'inscrit dans le dispositif techno-économique de la chasse et de la cueillette : des Australanthropes aux *Homo sapiens* – eux y compris –, l'organisation sociale est entièrement basée sur la chasse d'animaux et le ramassage ou la récolte de produits végétaux. Ce n'est qu'entre 8.000 et 5.000 avant J.C. que s'amorce imperceptiblement un changement décisif, avec l'apparition d'un nouveau dispositif techno-économique basé sur l'agriculture et l'élevage. Les deux apparaissent à la même époque et dans les mêmes régions, ce qui ne surprend pas, puisque le groupe humain repose sur une économie alimentaire à la fois végétale et animale. Mais simultanément apparaît un changement fondamental qui va progressivement bouleverser toute l'organisation sociale : de chasseur-cueilleur, l'homme devient sédentaire ; il s'établit dans des villages permanents constitués par des habitations groupées dont l'étude archéologique ne laisse pas apparaître de différences sociales, des parcs à bétail et des silos à grains, qui sont entourés de structures de protection – palissades ou remparts. Ce changement entraîne une série de conséquences dont les principales sont la capitalisation, l'assujettissement social et l'hégémonie militaire.

Il faut cependant noter que la sédentarisation agricole a entraîné une séparation entre des agriculteurs/petits éleveurs et des nomades/grands éleveurs. *Comme dans le couple primitif, le végétal et l'animal s'y sont séparés en deux groupes techniques complémentaires où l'on retrouve les mêmes raisons de moindre et de plus grande mobilité des fractions symbiosées* [I, 233-235]. Dans les deux cas, le caractère thésaurisateur est l'aspect essentiel. Mais les rapports nouveaux entre l'homme et les aliments qu'il a stockés vont entraîner, *par un ajustement indispensable des rapports sociaux, une organisation stratifiée qui est la source même du progrès* [I, 238]. Le stockage d'aliments permet, en effet, à quelques individus du village de s'octroyer du temps nécessaire pour le développement de l'artisanat, des produits duquel le groupe entier va pouvoir profiter. Rapidement, la nécessité d'une classe d'artisans à « temps plein » s'est imposée, d'autant plus que l'augmentation démographique devait appeler davantage de produits finis, cet appel à une productivité sans cesse croissante réclamant en retour de nouvelles innovations techniques pour satisfaire aux nouveaux besoins … L'apparition de l'économie « néolithique » nous place donc devant une nouvelle libération : celle du temps. *Comme la main libérée des Australanthropes n'est pas restée longtemps vide, le temps libéré des sociétés agricoles s'est rapidement rempli* [I, 239].

Mais rapidement va s'installer une nouvelle transformation. L'économie néolithique, dont le type d'organisation est essentiellement rural, va conduire, en moins de deux millénaires, à une structure d'organisation sociale complexe qui apparaît avec l'Age des Métaux : la ville et avec elle la civilisation. Celle-ci est caractérisée par un groupe de villages liés de façon organique à une agglomération qui en est la capitale. C'est ici qu'apparaît une hiérarchisation sociale marquée, sous la forme d'une autorité religieuse et militaire. En outre, l'artisan prend un rôle de première importance, puisqu'il est le moteur de toute l'évolution technique. L'apparition de la métallurgie a également entraîné une classe sociale supplémentaire – les marchands – dont le rôle a été de réunir les minerais situés à des distances souvent considérables. Mais cette même métallurgie a aussi nécessité rapidement l'apparition de groupes de spécialistes qui annoncent *une forme de groupement nouvelle : la cité industrielle* [I, 255]. Il est, en effet, important de comprendre que, hormis le rayon d'action qui s'est étendu à la planète tout entière d'une part, et l'appareil colonial qui a remplacé le servage des paysans d'autre part, *cette cité de la haute antiquité est, sans modifications, transposable à un quelconque des grands Etats européens du XIX*^e^ *siècle* [I, 257].

Ainsi, de l'organisation rurale du Néolithique au monde civilisé de l'Age des Métaux et jusqu'au monde industriel de notre époque contemporaine, se développent des structures qui sont fondamentalement identiques mais qui évoluent en se complexifiant : l'immobilisation autour des réserves de céréales entraîne la formation d'un capitalisme permettant de comprendre cette « sur-sédentarisation » qui caractérise l'évolution vers le phénomène urbain. Et cette immobilisation de denrées réclame un dispositif de défense qui entraîne, à son tour, la hiérarchisation sociale.

Tout se passe donc comme si le corps social, après avoir été affranchi des stricts liens imposés par le zoologique, tendait à se constituer en organe autonome tirant de lui-même le moteur de son évolution. Leroi-Gourhan le signale : le système social, *comme tout organisme vivant, comporte des éléments apparemment privilégiés et des masses obscures dont le rôle, au prix d'une déperdition énorme, est de fournir la petite réserve d'impulsion qui permet le passage à une étape suivante* [I, 257]. Et selon lui, *cette vérité biologique se traduit sur le plan social dans des termes de justice et d'injustice* [I, 257]. Or, ceci n'est pas sans importance, car c'est bien sur un problème éthique que l'on débouche, problème dont on ne peut malheureusement que constater qu'il s'enracine dans le fait même que l'homme est, au départ, un mammifère, et auquel on ne peut donc pas donner de solution. La cause en est l'agressivité. La supprimer réclamerait de l'homme qu'il franchisse une nouvelle étape biologique. Mais la perte de l'agressivité, qui signifierait simultanément celle de l'instinct d'acquisition, entraînerait la disparition du besoin de créer et celle, corollaire, du goût de vivre.

6 LE LANGAGE : UN OUTIL AU SERVICE DE L'ETHNIE

6.1 Aux origines du graphisme

Nous avons vu l'importance décisive que revêtait, aux yeux de Leroi-Gourhan, le passage des Paléanthropes aux Néanthropes. A ce moment, l'homme est libéré, grâce au développement du cerveau antérieur, de son strict asservissement au zoologique. La créativité technique prend alors un essor considérable, tandis que du point de vue social le groupe ethnique remplace l'espèce : *l'homme, qui reste dans son corps un mammifère normal, se dédouble dans un organisme collectif aux possibilités pratiquement illimitées de cumul des innovations* [I, 260]. Mais il y a plus : c'est, en effet, avec l'émergence d'*Homo sapiens* qu'apparaît la possibilité de fixer la pensée dans des symboles matériels, élément capital s'il en est, puisqu'il permettra à la société la sauvegarde des produits de la pensée humaine. De manière à bien mesurer l'importance de cet élément, il faudra essayer d'en comprendre le mécanisme et, pour ce faire, d'en élucider les origines.

Le point de départ est, en réalité, la formation de deux couples fonctionnels main-outil et face-langage, qui sont eux-mêmes la résultante de la technicité à deux pôles présents plus anciennement chez de très nombreux Vertébrés. Car ces deux couples fonctionnels permettent, grâce à la motricité de la main et de la face, *le modelage de la pensée en instruments d'action matérielle et en symboles sonores* [I, 262]. Mais par rapport aux autres Primates, l'apparition de symboles graphiques chez l'homme suppose de nouveaux rapports entre ces deux pôles opératoires, exclusivement caractéristiques de l'humain : aucun autre animal ne pratique, en effet, le tracé et la lecture de symboles. Les marques graphiques les plus anciennes remontent vers 35.000 avant notre ère, soit au cours du Châtelperronien : il s'agit de lignes de cupules ou de séries de traits gravés, dans lesquelles Leroi-Gourhan voit *un dispositif rythmique de caractère incantatoire ou déclamatoire* [I, 263]. Mais le fait important que ces manifestations nous apportent est *la certitude … que le graphisme débute non pas dans la représentation naïve du réel mais dans l'abstrait* [I, 263][26]. Or, parce que le graphisme à son origine ne semble pas tant avoir exprimé des formes que des rythmes, il se trouve plus proche de l'écriture au sens large que de l'œuvre d'art. *Il est transposition symbolique et non calque de la réalité* [I, 266]. Cela vaut, du reste, également pour l'art figuratif qui apparaît peu après, dès l'Aurignacien (30.000 avant notre ère). Il est, à cet égard, important de constater que si la facture est encore maladroite, l'expression symbolique atteint, en revanche, dès ce moment, son plus haut niveau, puisque les œuvres de cette époque présentent, du point de vue de la distribution des contenus iconographiques, la même cohérence que celle qui caractérise l'art de tout le Paléolithique supérieur, du premier Aurignacien jusqu'au Magdalénien final[27].

En fait, ce que l'on observe avec l'homme, c'est que *la pensée réfléchie est à même d'abstraire de la réalité, dans un processus d'analyse de plus en plus précis, des symboles qui constituent, parallèlement au monde réel, le*

---

26 L'importance de la conclusion n'apparaît que si l'on veut bien se souvenir du fait que les préhistoriens du XIXe siècle considéraient l'homme des origines comme un bon sauvage ayant peu de besoins et éternellement en butte à l'ennui. Pour échapper à cet ennui, ces préhistoriens (Lartet, Piette ...) avaient imaginé que l'homme meublait son temps libre en copiant les animaux qui l'entouraient. Dans leur esprit, cette copie ne devait pas faire appel au symbolique. Elle n'est que le croquis servile, photographique – et donc sans réflexion – du réel. En réalité, au plan psychologique il importe évidemment peu que l'art soit figuratif ou abstrait : dans les deux cas, la réalisation réclame une opération mentale préalable. Voir à ce sujet M. GROENEN, *Pour une histoire de la préhistoire. Le Paléolithique*, Grenoble, 1994, pp. 305-350.

27 Cette idée d'une évolution unique de l'art paléolithique s'oppose à l'interprétation de H. Breuil qui voyait, dans les « quatre cents siècles » qu'avait duré l'art préhistorique, deux cycles évolutifs distincts (Aurignaco-périgordien et Solutréo-magdalénien). L'interprétation défendue par Leroi-Gourhan a fait l'objet d'un travail énorme, dont les conclusions ont été consignées dans *Préhistoire de l'art occidental*, 1965. Il considère que l'art débute – après une période préfigurative (± 35.000 à 30.000) – avec une phase primitive qui occupe l'Aurignacien (**style I** : ± 30.000 à 25.000). Les œuvres de cette époque sont caractérisées par des figures animales aux contours grossiers souvent associés à des cupules et à des représentations de vulves. La phase suivante se déroule durant le Périgordien (**style II** : ± 25.000 à 18.000) et correspond à la période archaïque. Elle a donné des silhouettes d'animaux dont la ligne cervico-dorsale est fortement sinueuse et les extrémités des membres le plus souvent absentes. Le **style III** (± 18.000 à 13.000) occupe le Solutréen et le Magdalénien ancien et correspond à la phase classique. Il a donné des figures animales au corps volumineux, à la tête petite et aux membres grêles. Enfin, le **style IV** (± 13.000 à 9.000), qui couvre le Magdalénien moyen et récent, a donné des figures caractérisées par le réalisme anatomique et le goût de l'attitude. Cette évolution débouche finalement, durant le Magdalénien récent, sur un véritable réalisme photographique.

monde du langage par lequel est assurée la prise sur la réalité [I, 270]. Ce monde du langage est d'ailleurs double : il comprend le langage de l'audition lié à l'évolution des territoires coordinateurs des sons, et le langage de la vision lié à l'évolution des territoires coordinateurs des gestes traduits en symboles qui seront matérialisés de façon graphique.

6.2 Du graphisme à l'écriture

Mais si art et écriture sont liés à l'origine, ils ne se trouvent pas, par rapport au langage oral, dans une relation de subordination. En réalité, l'image ne constitue qu'un support : *le symbolisme graphique bénéficie, par rapport au langage phonétique, d'une certaine indépendance* [I, 270]. L'image n'est qu'une sorte de condensé symbolique de mythe – d'où l'expression forgée par Leroi-Gourhan de « mythogramme » – qui appelle une interprétation et non une lecture univoque comme le permettra un graphisme linéarisé : *elle* [l'image] *peut déclencher le processus verbal qui aboutit à la récitation d'un mythe, elle n'y est pas attachée et son contexte disparaît avec le récitant* [I, 272]. Avec le mythogramme, le langage oral n'est qu'un commentaire de l'assemblage symbolique qui parle par lui-même. L'image est donc tout à la fois un support, un déclencheur narratif et un condensé symbolique. Ce système des mythogrammes relève de l'idéographie et est caractéristique de tous les peuples archaïques. Puis, le système des mythogrammes semble se combiner à celui d'une comptabilité élémentaire dans certaines sociétés déjà urbanisées (Sumer, Chine)[28] et fournit un répertoire figuratif limité et continu. Alors, *de symboles aux implications extensibles* [les figures] *sont devenues des signes, de véritables outils au service d'une mémoire dans laquelle s'introduit la rigueur comptable* [I, 279-280]. Enfin, au départ des écritures suméro-akkadiennes, dont les nombreux idéogrammes évoluent progressivement vers la transcription phonétique, on arrive aux écritures consonantiques et alphabétiques (phénicien, grec).

Comme on le voit, la matérialisation de symboles en signes graphiques est une caractéristique intrinsèque d'*Homo sapiens*, et c'est bien dès son apparition qu'on peut en observer les traces les plus anciennes sous forme d'idéogrammes à contenu mythographique ou mythogrammes. A partir de là

28 Cette comptabilité élémentaire aurait pu se noter sous une forme pictographique : le dessin d'un sac de grain associé à trois traits, par exemple.

– car l'écriture, pas plus que le reste, ne part de rien –, d'autres systèmes graphiques peuvent se développer, et ce développement doit se comprendre en termes évolutionnistes : *cette évolution continue fait traverser toutes les étapes possibles de la représentation réaliste d'un objet pour traduire le mot qui s'y applique, de la même représentation pour transcrire dans d'autres mots le son équivalent ..., de la simplification qui rend l'objet méconnaissable et en fait un symbole strictement phonétique et de l'assemblage de symboles distincts pour transcrire les sons en associant des lettres* [I, 289]. Mais cette évolution aboutit à une subordination du langage écrit au langage verbal. A l'exubérance interprétative que l'idéogramme permettait s'est progressivement substitué un outil dont la vocation était de fixer fidèlement une pensée qui pouvait, de ce fait, devenir de plus en plus rationnelle. Mais si l'on peut voir dans cette canalisation de la pensée dans la langue écrite un appauvrissement de la part de l'imagination, il ne faudrait pas pour autant être amené à considérer que l'adéquation entre pensée et notation est idéale. Les images suscitées par la lecture d'un texte varient en fonction de l'individu : le texte ne parle pas à tous de la même façon. Il reste donc toujours un effort personnel d'interprétation à fournir : *si l'écriture alphabétique répond aux besoins de la mémoire sociale, elle conserve à l'individu le bénéfice de l'effort d'interprétation qu'elle en exige* [I, 294].

6.3 Au delà de l'écriture

Cet effort d'interprétation, qui réclame du lecteur une attitude active, semble bien aujourd'hui en voie d'être dépassé par les techniques récemment apparues de l'audio-visuel. Celles-ci mobilisent, en effet, simultanément par les images la vision et par les sons l'audition ; elles entraînent donc la participation de la totalité du champ de perception, mais de façon passive puisque la part d'interprétation est réduite à presque rien et que le spectateur n'a aucune possibilité d'intervenir activement dans la succession d'images qu'il voit et dans la bande-son qu'il entend. La part d'interprétation et d'imagination personnelle est donc moindre et l'audio-visuel s'offre, dès lors, selon Leroi-Gourhan, comme une étape évolutive de l'histoire de la notation graphique qui suit logiquement celle de l'écriture alphabétique, avec ceci pourtant comme conséquences contradictoires qu'au niveau social, l'audio-visuel permet un *conditionnement de plus en plus parfait des cellules individuelles* [I, 296], alors qu'au niveau individuel, cette technique éteint l'imagination, *propriété fondamentale de l'intelligence* [I, 296] sans laquelle le corps social ne peut évoluer. Et le déséquilibre que cette contradiction entraîne se marque déjà aujourd'hui *dans la séparation … entre une mince élite, organe de digestion intellectuelle, et les masses, organes d'assimilation pure et simple* [I, 296].

7 LA MÉMOIRE SOCIALE

7.1 Instinct, langage et liberté

Pour Leroi-Gourhan – on l'a vu –, l'homme n'est pensable que comme être social[29]. Or, cette socialité se manifeste par des comportements spécifiques : *les êtres ne sont humainement signifiants qu'à travers le comportement propre à leur groupe* [II, 11]. Et celui-ci trouve sa cohésion dans des traditions – pour Leroi-Gourhan ceci vaut, du reste, tant pour la fourmi que pour l'homme – qui assurent à chaque génération la transmission des chaînes opératoires, cette transmission étant vitale pour le groupe puisqu'elle est la garantie de sa croissance et donc de son évolution. Le problème de la tradition, ou plus exactement celui de la mémoire[30] qui en est la condition, doit donc retenir toute notre attention, car *le groupement survit par l'exercice d'une véritable mémoire dans laquelle s'inscrivent les comportements* [II, 11]. Or, chez l'animal cette mémoire repose sur l'instinct, tandis que chez l'homme elle s'appuie sur le langage. Non que l'instinct ne soit pas présent chez l'homme, au contraire, *les manifestations opératoires de l'homme se situent … sur un fonds instinctif très important, fait à la fois de dispositifs de régulation de pulsions organiques profondes, communes à tous les individus, et de dispositifs propres à l'inscription de programmes opératoires dont le détail peut varier sensiblement d'un individu à l'autre* [II, 18], mais l'instinct seul ne saurait suffire. En fait, la plupart de nos actions habituelles ne réclament qu'un niveau de conscience peu élevé, proche de celui de l'animal, mais dès que le choix est requis dans le découlement des chaînes opératoires, la conscience lucide est nécessaire et avec elle le langage qu'elle implique. C'est l'intelligence définie comme *l'aptitude à projeter des chaînes symboliques* [II, 21] qui permet, en effet, la liberté de comportement, et celle-ci n'est réalisable qu'au niveau des symboles.

29 Cf. supra, II, 5.

30 La mémoire dont parle Leroi-Gourhan doit être comprise comme *le support* [quel qu'il soit] *sur lequel s'inscrivent les chaînes d'actes* [II, 269].

7.2 La société : mémoire de l'individu

Grâce à son intelligence, l'homme a donc acquis la possibilité de confronter des situations nouvelles avec des situations qu'il a déjà vécues et de leur trouver des solutions neuves de plus en plus satisfaisantes. Toutes ces inventions s'inscrivent dans une « mémoire virtuelle » dont le patrimoine appartient à l'ensemble de la société. *L'homme est à la fois individu zoologique et créateur de la mémoire sociale* [II, 23]. Or, parce que le cerveau humain s'est surspécialisé dans une aptitude à tout pouvoir penser, et parce qu'il naît quasiment vide, *la tradition est biologiquement aussi indispensable à l'espèce humaine que le conditionnement génétique l'est aux sociétés d'insectes* [II,24]. L'individu n'est donc qu'en fonction du – et à travers le – corps social, ou plus exactement, il n'est que par un ensemble de traditions déposées dans une mémoire sociale. Et cette mémoire sociale lui donne une appartenance ethnique – il se reconnaît comme venant du même groupe social que ceux qui l'entourent par des gestes, des comportements caractéristiques de sa tradition – en même temps qu'elle lui dicte des comportements qui rendent possible et qui optimalisent son existence – l'individu n'a pas à réinventer toutes les solutions aux problèmes qu'il rencontre. Cette extériorisation de la mémoire, unique dans le règne animal, constitue donc pour l'homme le fait le plus fondamental, et il est intéressant, pour cette raison, d'en suivre les étapes évolutives. Car, de même que l'extériorisation de l'outil et du geste s'était révélée de plus en plus complète au cours de son évolution, de même l'extériorisation de la mémoire nous apparaîtra-t-elle plus complète au fil de son développement. Celui-ci se dessine aisément au travers de cinq paliers évolutifs qui le scandent.

Le premier est celui de la **transmission orale** ; il représente le moment où le capital des connaissances qui permet la survie du groupe et en fait son unité se transmet de bouche à oreille, soit par les parents lors de l'éducation des enfants, soit par les chefs, les bardes et les prêtres. Le second moment est celui de la **transmission écrite** dont on a vu les conditions d'émergence[31]. Au départ, il ne s'agit que de comptes, d'actes religieux, de généalogie ou de calendriers, c'est-à-dire de *ce qui fait l'ossature d'une société urbanisée, pour laquelle le nœud du système végétatif est dans une économie de circulation entre producteurs célestes ou humains, et dirigeants* [II, 67-68].

31 Cf. supra, II, 6.2.

Mais au fur et à mesure que l'écriture se perfectionne, l'enregistrement touche des données de plus en plus abondantes et variées. Le lecteur n'a, dès ce moment, plus la possibilité d'assimiler le contenu intégral des textes. Un troisième palier – celui des **fiches simples** – est alors apparu, car il était *nécessaire d'organiser la pensée inerte contenue dans le cerveau imprimé de la collectivité par un tissu supplémentaire dans lequel se projetait une image extrêmement simplifiée du contenu* [II, 72]. Enfin, les quatrième et cinquième paliers, ceux de la **mécanographie** et de la **sériation électronique** ont rendu possible le triage de données dans des fichiers variés – et rivalisent donc en ce sens avec le travail cérébral de confrontation – constitués par des informations en nombre gigantesque, et ce dans un temps minime.

8 VERS UNE PALÉONTOLOGIE DES SYMBOLES

8.1 Aux sources de l'esthétique

Après avoir successivement dégagé l'histoire de l'homme comme être zoologique, de l'Australanthrope au Néanthrope, et l'histoire de l'homme comme être social, il faut à présent s'attacher à mettre en évidence ce qui les lie l'un à l'autre, *c'est-à-dire tout ce qui se réfère au comportement esthétique* [II, 80]. L'esthétique est la science du beau, dans la nature et dans l'art, et c'est dans ce sens que ce mot sera utilisé. Il le sera toutefois en adoptant la perspective paléontologique *dans laquelle le va-et-vient dialectique entre la nature et l'art marque les deux pôles du zoologique et du social* [II, 82]. Pour ce faire, il s'agit de rechercher comment, au départ de l'ensemble des perceptions, s'élabore dans le temps et dans l'espace un code des émotions qui permet à l'individu de s'insérer dans son groupe social, et *ce code des émotions esthétiques est fondé sur des propriétés biologiques communes à l'ensemble des êtres vivants* [II, 82], des invertébrés les plus simples à l'homme, et qui se rattachent directement aux impressions de confort ou d'inconfort et au conditionnement des sens.

En fait, tous les êtres vivants offrent trois types de comportements : le comportement technique qui leur permet d'acquérir leur nourriture, le comportement social qui assure la reproduction, le comportement de l'intégration spatiale qui rend possibles les deux premiers ; et il faut donc indubitablement chercher, dans ces trois types de comportements fondamentaux, le substrat dans lequel s'enracine le comportement esthétique, puisqu'il s'agit d'une dimension biologique universelle. Ceci acquis, il s'agit d'élucider la manière dont ces comportements ont été humanisés.

8.2 Les quatre formes de l'esthétique

Cette humanisation du comportement esthétique présente quatre niveaux de manifestation – physiologique, technique, social et figuré – dont nous aurons l'occasion de voir qu'ils s'inscrivent dans une évolution continue.

8.2.1 *L'esthétique physiologique*

Au niveau physiologique, les trois types de comportements – de nutrition, de reproduction et d'intégration spatiale[32] – mettent en jeu de façon variable les instruments de nos organes des sens et fournissent autant de types de sensibilité – sensibilité viscérale, musculaire, gustation, olfaction, tact, audition, vision – qui s'intègrent en un tout dynamique et dont on retrouve les éléments chez tous les animaux. Et pour l'homme, *la situation reste évidemment la même, avec cette différence qu'elle peut être réfléchie dans un réseau de symboles et par conséquent confrontée à elle-même* [II, 98].

La sensibilité viscérale est liée aux rythmes, c'est-à-dire aux alternances physiologiques (sommeil/veille, digestion/appétit ...) qui forment une trame sur laquelle se greffe toute notre activité. L'état de satisfaction viscérale ne joue que dans la mesure où il permet une activité normale ; il constitue donc, en quelque sorte, le centre de référence de notre activité.

Il faut cependant noter l'existence, dans toutes les cultures, de manifestations qui provoquent des ruptures de l'équilibre rythmique (jeûnes, veilles, abstinence sexuelle ...) qui entraînent de fortes modifications du champ esthétique. La sensibilité viscérale occupe donc une place d'importance, partagée, à vrai dire, par la sensibilité musculaire, puisque *le drapé musculaire ... peut être considéré ... comme l'instrument de l'insertion dans l'existence* [II, 102]. Perçu par les muscles, le poids de notre corps se combine avec le sens de l'équilibre spatial pour nous fournir une image du monde objectif dans lequel nous évoluons. Celle-ci, à son tour, nous permet de fabriquer un univers imaginaire, antithétique par rapport au premier, dans lequel poids et équilibre sont transcendés : cette volonté se marque bien dans la danse et les exercices d'acrobatie.

32 Cf. supra, II, 8.1.

La gustation, permise par des papilles qui tapissent l'orifice buccal, constitue le point de départ de l'esthétique gastronomique *fondée sur un fait biologique très général qui est la reconnaissance alimentaire* [II, 108]. Cette esthétique n'est, du reste, pas uniquement fondée sur la sensibilité gustative : elle intègre aussi non seulement l'olfaction et la vision – pour la reconnaissance à distance –, mais encore le toucher.

Ces différentes sensibilités interviennent, cependant, à d'autres niveaux. Ainsi, dans l'esthétique sociale, l'olfaction a un rôle primordial dans les rapports entre les individus (parfums, huiles odorantes, déodorants ...) ; de même, le toucher permet-il une esthétique tactile qui tourne d'ailleurs essentiellement autour des sensations de caresse.

8.2.2 *L'esthétique technique*

Le niveau technique touche les objets d'usage pratique dont l'analyse montre des propriétés qui sont directement attachées à leur fonction ; c'est pourquoi Leroi-Gourhan parle, à ce propos, d'**esthétique fonctionnelle**. L'auteur est, en effet, frappé par le fait *qu'à peu d'exceptions près, sinon toujours, la valeur esthétique absolue est en proportion directe de l'adéquation de la forme à la fonction* [II, 120]. L'avion, par exemple, serait comme étant de plus en plus parfait au fur et à mesure que sa forme se rapprocherait de l'idéal aérodynamique, ce qui signifie que l'esthétique fonctionnelle est la recherche de l'efficacité optimale. Or, cette recherche se fait par la comparaison de formes qui se trouvent dans la nature, et on peut dès lors se demander *si la qualité fonctionnelle des œuvres humaines, au lieu d'être figurative, n'est pas l'invagination pure et simple, dans le champ humain, d'un processus absolument naturel* [II, 121].

Quoi qu'il en soit, la recherche de l'adéquation de la forme à la fonction se marque clairement dans une analyse historique – plus exactement une analyse paléontologique – qui dévoile, comme le montre par exemple la « paléontologie du couteau », non seulement une tendance fonctionnelle qui évolue vers la spécialisation des formes, mais encore de véritables mutations qui améliorent la fonction à travers l'apparition de formes neuves[33]. Mais ici intervient un facteur d'importance : l'esthétique technique est liée à la matière, puisque celle-ci constitue le support de l'objet fabriqué. Or, cette

33 Ainsi, le couteau passe-t-il du chopper au biface puis à la lame à dos, suivi par le couteau de l'Age du Bronze identique au nôtre, et enfin à la trancheuse qui constitue une véritable

matière a des lois dans lesquelles ces principes doivent forcément s'enraciner, et à ce titre les principes de l'esthétique fonctionnelle *ne peuvent être considérés comme humains que dans une mesure très relative* [II, 126]. La conclusion a de quoi surprendre, car il ressort de ces considérations que si les principes de l'esthétique sont gérés par les contraintes de la matière, l'homme n'a dès lors plus comme rôle que de les appliquer inlassablement (car les lois de la matière sont constantes) en s'inspirant le mieux possible de la nature qui – le temps aidant – s'est acquis depuis longtemps les solutions les plus performantes. Nous aurons à revenir sur les conséquences d'une telle conclusion.

8.2.3 *L'esthétique sociale*

Le troisième niveau – le social – occupe, du point de vue de l'esthétique, une importance considérable. Nous avons vu que l'ethnie s'était, chez l'homme, substituée à l'espèce chez les animaux. Il nous faut, à présent, examiner sous quelles modalités a pu se faire ce passage. En fait, *la vie des groupes humains ne peut affronter la substitution de l'ordre ethnique à l'ordre génétique que sous le couvert d'un temps, d'un espace et d'une société entièrement symboliques* [II, 138] et il va donc falloir brièvement analyser ces trois dimensions, car elles constituent proprement le soubassement de l'esthétique sociale.

La perception spatio-temporelle existe, bien entendu, chez tous les animaux, et l'homme, comme animal, ne fait pas exception : le point de départ de son confort s'appuie sur la double nécessité d'un refuge et de manifestations sociales répétées qui rythment sa vie en vue, par exemple, de la reproduction. Mais si aucune modification n'intervient, à cet égard, jusqu'aux Paléanthropes, l'archéologie nous apprend que des changements profonds s'amorcent avec l'apparition des Néanthropes[34] qui *autorisent à assimiler, à partir du Paléolithique supérieur, les phénomènes d'insertion*

---

mutation par rapport au couteau traditionnel, puisque la même fonction est réalisée par un mouvement circulaire qui remplace celui moins efficace de va-et-vient. Pour les détails de cette évolution, cf. A. LEROI-GOURHAN, *o.c.*, II, 1965, pp. 125-128.

34 Ces changements coïncident donc avec le développement du cortex antérieur, avec l'apparition du symbolisme et avec la diversification des ethnies. Nulle surprise dans la mise en évidence de cette coïncidence : symbolique, socialité, technicité ne sont que des conséquences du développement du cerveau antérieur et qui comme telles doivent se retrouver à tous les niveaux du comportement humain.

spatio-temporelle au dispositif symbolique dont le langage est l'instrument principal [II, 140]. En ce qui concerne le temps, les manifestions les plus anciennes représentent des traits gravés régulièrement espacés sur des fragments de pierres ou d'os, dans lesquels Leroi-Gourhan voyait des rythmes de paroles[35]. Le temps, ensuite, tout au long de la protohistoire et de l'histoire, ne cessera de prendre une importance croissante (calendrier, astrologie, astronomie …) qui aboutira progressivement à son individualisation visible dans l'apparition de systèmes de mesure. Et cette *individualisation du temps est le reflet de l'intégration progressive des individus dans le sur-organisme social* [II, 146]. C'est aux mêmes conclusions qu'aboutit la considération de l'espace. On trouve des preuves de son humanisation dès l'aube du Paléolithique supérieur, avec les habitats aménagés et entretenus, dans l'horizon châtelperronien d'Arcy-sur-Cure (tente ou hutte aménagées à l'entrée de la grotte avec charpente en défenses de mammouth, dont le sol a été dallé, foyers aménagés dans l'espace intérieur et « poubelles » déversées à l'extérieur).

En effet, *l'organisation de l'espace habité n'est pas seulement une commodité technique, c'est, au même titre que le langage, l'expression symbolique d'un comportement globalement humain* [II, 150]. Ceci se marque à deux niveaux, en ce sens que d'une part l'habitat est le symbole concret du système social : la disposition des huttes dans les campements ou les villages reflète les coupures entre familles et clans, et l'espace interne de l'habitat se divise en zones distinctes qui respectent les fonctions techno-économiques du couple ; et d'autre part que l'habitat est à l'image du cosmos, ou pour le dire autrement, campements, villages ou villes sont des microcosmes qui reflètent le macrocosme, c'est-à-dire que la représentation symbolique que la culture se fait de l'univers commande la disposition topographique des habitats, de leur rapports avec les organes centraux (sanctuaires, bâtiments administratifs …) et du réseau routier qui assure les communications et les échanges[36]. Il apparaît donc en fait que si, du point de vue techno-économique, l'homme s'intègre à son milieu comme n'importe quel animal à refuge dont l'organisation est territoriale, *au plan esthétique, il en est très différemment parce que l'intégration est fondée sur des références purement symboliques, admises par la société à partir d'une convention rythmique qui englobe les jours et les distances dans un réseau artificiel* [II, 185].

---

35 Cf. supra, II, 6.1.

36 Afin de ne pas alourdir inutilement la présentation de cette partie qui traite de la dimension symbolique, je renvoie, pour l'étude historique de cet aspect des choses, à A. Leroi-Gourhan, *o.c.*, II, 1965, pp. 147-185.

Après avoir analysé les valeurs symboliques du temps et de l'espace, il nous reste à examiner, pour en terminer avec l'esthétique sociale, les valeurs sociales symboliques. Dans toutes les sociétés animales vivantes, il existe un système de références interindividuelles qui conserve au groupe sa cohésion. Il s'agit, en fait, d'un dispositif de relations qui permet les rapports entre individus de sexes opposés, entre individus de même sexe et entre individus d'âges différents (relation parentale). Et de l'ensemble des codes qui permettent ces rapports résulte une hiérarchie qui donne à chaque individu une place précise au sein du groupe. L'homme, à cet égard, ne fait pas exception. *Mais comme il est humainement normal, ce code est sous-jacent à une* ***superstructure symbolique*** *très dense. Il est extériorisé ... dans un système de références non spécifiques mais ethniques, et s'exprime dans la parure, les attitudes, le langage, le décor social* [II, 187 – moi qui souligne]. Chacune de ces données permet aux individus de se situer avec précision dans la société, et ce non seulement par rapport aux individus de même sexe, de sexe opposé ou d'âge différent, mais aussi par rapport aux individus appartenant à d'autres classes sociales ou par rapport aux individus exerçant d'autres fonctions sociales, chacun de ces éléments réglant ensuite les relations interpersonnelles entre les individus du groupe. Et cette superstructure symbolique intervient vraiment comme superstructure, *c'est-à-dire qu'aucune différence fondamentale ne sépare la crête et le plumet, l'ergot et le sabre, le chant du rossignol ou les courbettes du pigeon et le bal champêtre. Mais les modulations sont aussi variées qu'il existe d'ethnies dans un monde, de générations successives dans une ethnie et de coupures sociales à l'intérieur du groupe* [II, 198].

8.2.4 *L'esthétique figurée*

Le comportement figuratif, quatrième niveau de l'esthétique, se trouve par rapport aux trois autres dans une position particulière : l'homme seul en détient le privilège. Il est, en effet, inséparable du langage. Ceci ne l'arrache pas, du reste, au biologique dans lequel il doit inévitablement s'enraciner. *Ce langage émotionnel, dont une part des valeurs est d'origine biologique très générale et dont le code des symboles est au contraire très fortement spécifié, constitue proprement l'art figuratif* [II, 207]. A cet égard, l'art est toujours utilitaire, car *il est lié aux fondations biologiques et repose sur une signification pragmatique, sociale, puisque parole et signification sont le ciment qui lie les éléments à la cellule ethnique* [II, 208]. Et s'il est une gratuité à rechercher, ce ne peut pas être dans les mobiles qui le sous-tendent, mais dans la multitude des variations formelles. L'art *est par fondement destiné à signifier, et un art qui perd son objet entre dans l'antithèse* [II, 208].

En fait, la figurativité est inexistante avant *Homo sapiens*. Au mieux les signes avant-coureurs en sont-ils présents chez les derniers Paléanthropiens, et le fait est en soi intéressant puisqu'il marque encore une fois la césure qui sépare Australanthropes et Archanthropes d'une part, et Paléanthropes et Néanthropes d'autre part. Ceci ne signifie cependant pas qu'il n'y ait pas eu de prémices au comportement figuratif avant les Néanthropes. Car la rythmicité des percussions, assurée avec les galets aménagés, et l'existence très probable de signaux sonores répétés laissent à penser *des formes motrices et sonores de la figuration* [II, 210] qu'elles étaient présentes dès les Australanthropes. De même, l'Archanthrope donne-t-il au biface, tout au long de son évolution, des formes de plus en plus symétriques, des courbes davantage régulières, des retouches de plus en plus soignées. Il n'y a donc aucune raison pour ne pas lui accorder un niveau correspondant de comportement figuratif.

Vers 50.000 avant notre ère, en revanche, les premières traces de figurativité apparaissent. Il s'agit de pierres calcaires sur lesquelles des Moustériens ont gravé des séries de traits parallèles ou encore des séries de cupules. La signification de ces manifestations préfiguratives reste inconnue. Mais ce qui est sûr, c'est qu'elles témoignent d'une volonté de figurer le rythme. Or, le fait que la notation du rythme soit antérieure à la figuration proprement dite est, selon Leroi-Gourhan, intéressant dans la mesure où il apporte la preuve que l'art primitif ne naît pas d'une représentation photographique du réel, mais qu'il débute dans l'abstrait.

A partir de l'Aurignacien, les notations sont explicitement figuratives et l'on trouve alors représentés des vulves et de sommaires contours inachevés d'animaux. Dès ce moment et jusqu'à la fin du Magdalénien, l'art paléolithique va connaître une évolution continue qui le fera tendre vers un réalisme entendu comme *tendance avancée vers une figuration « exacte » à la fois dans les formes, dans le mouvement et dans le détail* [II, 222]. Le fait est remarquable et il supporte la comparaison avec les trajectoires que dessine l'art grec, égyptien ou chinois ; *il semble bien que la durée entraîne toutes les formules vers un point de coïncidence de l'image avec la réalité* [II, 224]. Cette évolution continue est scandée par quatre temps forts que Leroi-Gourhan a baptisés style I à IV[37] et durant lesquels on peut observer un

37 Cf. II, 6.1.

mûrissement progressif au terme duquel la figure représentée est précise au point qu'une partie seule d'un animal autorise son identification. On peut donc avancer que *le cumul des innovations graphiques ou plastiques est orienté vers une approximation de plus en plus étroite du rendu physiquement exact. Le gain en précision correspond ... à un refroidissement des impressions communiquées par les œuvres, l'habileté prend progressivement une place plus grande et, dans un mouvement irréversible, l'art s'achemine vers l'académisme et la fadeur* [II, 232].

Tout l'art paléolithique ne se résout cependant pas à une lente recherche du réalisme, et il est au contraire des représentations qui vont suivre la voie inverse : celle de la schématisation dont l'aboutissement sera la géométrisation. Tel est le cas pour les décors géométriques qui figurent sur les objets utilitaires, comme les pointes de sagaies ; tel est surtout le cas pour un groupe important de représentations communes dans l'art pariétal et mobilier – les signes – et qui ont connu, quant à eux, une trajectoire évolutive inverse durant laquelle la représentation du sexe féminin s'est progressivement schématisée pour ne plus être rendue que par un rectangle, et celle du sexe masculin qui s'est vue stylisée en un bâtonnet[38].

8.3 L'extériorisation de l'esthétique

Comme on vient de le voir, les trois premiers niveaux de l'esthétique – physiologique, technique et social – ne constituent pas tant un caractère humain qu'un fait qui touche la quasi-totalité du monde animal. Et ce fait s'humanise dès lors qu'il acquiert une dimension symbolique. Le symbolique, à cet égard, parce qu'il s'implante originellement dans le biologique, trouve sur ce terrain une possibilité d'explication solide qui justifie le principe d'« une paléontologie des symboles ». Mais il y a plus, car les différents niveaux esthétiques qui viennent d'être analysés ne se trouvent pas dans une relation d'indifférence les uns par rapport aux autres ; ils s'inscrivent, au contraire, dans une séquence dont chaque étape fournirait, à l'instar de l'outil et de la parole devenus machine et écriture, le fil d'une évolution continue : *de la satisfaction digestive au bel outil, à la musique dansée, à la danse regardée dans un fauteuil, il y aurait le même phénomène d'extériorisation* [II, 89].

38 Pour les étapes principales de ces évolutions, voir A. LEROI-GOURHAN, *o.c.*, II, 1965, p. 235, figg. 142-143.

Les manifestations physiologiques sont, en effet, celles qui plongent au plus profond de notre être ; elles sont donc celles qui se rattachent le plus au substrat zoologique qui nous constitue. Les manifestations techniques partagent avec la catégorie précédente le fait d'intervenir très largement dans les chaînes opératoires les plus fréquentes. Mais elles s'en distinguent cependant par la nécessité d'une conscience lucide plus active et par une possibilité créatrice plus importante. Les manifestations sociales, enfin, *offrent une gradation des niveaux de machinalisation qui s'étend du physiologique dans les attitudes du corps par exemple jusqu'au symbolisme abstrait dans le maniement des chiffres ou du calendrier* [II, 93].

Partie III

L'INTERPRÉTATION ÉVOLUTIONNISTE CHEZ LEROI-GOURHAN

1 CONSTRUIRE UNE ETHNOLOGIE PRÉHISTORIQUE

La vie de chercheur d'André Leroi-Gourhan semble avoir été focalisée autour d'un unique centre qu'il n'a jamais délaissé : l'homme. L'homme a, en effet, été pour lui, dès le départ et jusqu'à la fin, le concept directeur de ses recherches : les disciplines auxquelles il a été formé – paléontologie humaine, ethnologie, préhistoire – ou sur lesquelles il a publié – sociologie, histoire des religions, art ... – en rendent compte.

Mais ne nous y trompons pas, l'homme qu'il cherche n'est pas l'être dévitalisé que l'anatomiste, penché sur sa table, dissèque, c'est l'homme vivant ! *J'ai toujours*, disait-il, *cherché le vivant derrière le mort*[1]. *Les ossements de l'homme m'intéressent parce qu'on peut s'en servir pour penser l'homme quand il était vivant*[2]. Et cet être vivant n'est pas un être donné une fois pour toutes, il n'est pas posé là comme tel dès le départ et pour l'éternité : cet homme est pris dans une temporalité. Expliquer l'homme sera donc pouvoir rendre compte de l'homme dans le temps de son existence biologique : l'homme du présent importe certes, mais aussi l'homme du futur. Or, celui-ci n'est compréhensible que dans la mesure où l'homme du passé a été lui-même bien compris ; *tout ce qu'il y a de possibilité, de virtualité dynamique dans l'espèce humaine demande à être saisi depuis sa base et suivi paisiblement jusqu'à son développement final*[3].

---

1 A. Leroi-Gourhan, *Les racines du monde, o.c.*, 1982, p. 15.
2 A. Leroi-Gourhan, *o.c.*, 1982, p. 16.
3 A. Leroi-Gourhan, *o.c.*, 1982, p. 213.

C'est donc au biologiste que revient la tâche essentielle, mais délicate, de s'attacher à révéler l'humanité de l'homme et de mettre en évidence sur cet acquis les potentialités qui le caractérisent. Mais ici apparaît une première limite : la seule paléontologie ne fournirait de l'homme qu'une image de son histoire osseuse. On ne sait pas assez *que la science anatomique ne sait pas reconnaître les hommes à leur squelette : c'est seulement lorsqu'on a découvert des outils que les Australopithèques ou les Pithécanthropes sont devenus des hommes aux yeux de la science. Faute d'outils, ils auraient été condamnés à demeurer dans les limbes, entre les singes et nous*[4].

Cerner l'homme dans sa réalité d'être vivant nécessite donc de l'appréhender au travers des témoins qu'il a laissés. Ceux-ci constituent les seuls indices utilisables nous permettant d'approcher sa vie mentale ; ils sont la trace de ses activités comme être humain. Mais si *les squelettes ne restituent la personnalité mentale de leur défunt porteur que s'ils sont accompagnés de témoignages de son industrie (...), la paléontologie humaine serait une science vaine sans le secours de la technologie préhistorique*[5]. Et la préhistoire occupe donc, on le comprend, une place centrale dans sa quête de l'homme. C'est le préhistorien qui assurera le traitement, l'analyse des vestiges laissés par l'homme préhistorique et que l'archéologue exhume du sol.

Il va s'agir, en réalité, d'établir un véritable déchiffrement des documents, qui devra rendre compte du niveau de développement atteint par les Anthropiens qui en furent les auteurs. *Toute la personnalité d'un groupe humain est enfermée dans la moindre de ses productions matérielles, comme dans toutes les œuvres de son esprit*[6]. Leur étude va nous restituer une image de l'homme dans sa réalité quotidienne. L'étude de son évolution n'est, du reste, pas sans intérêt, car elle permet d'atteindre une autre dimension – capitale –, celle de l'homme comme être de culture. Il ne s'agit pas, pour le préhistorien, de reconstituer un être esseulé, sans racine culturelle : l'homme est toujours un être social, Leroi-Gourhan ne l'a pas oublié[7]. Plus

---

4 A. LEROI-GOURHAN, « L'illusion technologique », in *La Technique et l'Homme*, Paris, 1960, pp. 65-66 et id., *Le fil du temps. Ethnologie et préhistoire*, 1920-1970, Paris, 1983, p. 125.

5 A. LEROI-GOURHAN, « L'Homo faber : la main », in *A la recherche de la mentalité préhistorique*, Paris, 1953, p. 78.

6 A. LEROI-GOURHAN, « Ethnologie et esthétique », in *Le disque vert*, I, 1953, p. 71 et id., *Les racines du monde, o.c.*, 1982, p. 272.

7 Leroi-Gourhan a suivi pendant trois ans, à l'Ecole des Hautes Etudes, les cours de

donc qu'une simple préhistoire, l'auteur, pour faire revivre l'homme du passé, doit s'attacher à élaborer une véritable ethnologie préhistorique. Quatre ans avant sa mort, Leroi-Gourhan disait : *j'ai essayé de faire une « ethnologie préhistorique » en me fondant sur ce qui avait pu subsister de l'homme dans ses actes matériels et de ce que l'on pouvait aussi ranger dans le domaine de la pensée*[8].

Mais cette expression, qui représente, comme nous allons le voir, le centre de ses intérêts, reste cependant problématique. On s'étonne qu'elle ait été aussi peu précisée, surtout de la part d'un chercheur aussi soigneux dans la définition des notions qu'il manipulait. On la trouve utilisée pour la première fois dans son ouvrage sur la *Civilisation du Renne*, terminé en novembre 1935[9]. Elle définit, ensuite, le cours qu'il donne à Paris dès 1956, et enfin, celui professé au Collège de France dès 1970. Par ailleurs, cette expression se retrouve régulièrement sous sa plume, et en particulier à partir des années soixante. On peut donc admettre qu'elle a constitué le centre même de ses recherches, et pourtant son contenu n'en a jamais été vraiment précisé. Des chercheurs du Laboratoire d'Ethnologie préhistorique, qui ont tenté d'en élucider le sens, estiment qu'il s'agit *d'une certaine ethnologie : celle qui s'occupe des sociétés humaines appartenant au passé sans écriture*[10]. Selon eux, *la préhistoire appartient à l'ethnologie. L'inverse n'est pas vrai*[11]. On aurait donc, ici, une ethnologie élargie par l'annexion de la préhistoire dont la seule justification serait d'apporter à la « discipline mère » ses méthodes de travail et son champ d'action. Et Leroi-Gourhan serait, dans cette optique, un ethnologue qui se serait attaché à annexer la préhistoire au champ de l'ethnologie. Quarante ans de recherche pour peu de choses, puisque l'ethnologie, en fait de gain, n'aurait inscrit à son actif que

Marcel Mauss qui a eu sur lui une influence considérable. Voir à ce sujet : A. LEROI-GOURHAN, *o.c.*, 1982, pp. 31-35.

8 A. LEROI-GOURHAN, *Les racines du monde, o.c.*, 1982, p. 179.

9 A. LEROI-GOURHAN, *La Civilisation du Renne*, Paris, 1936, p. 46 : *Les documents nombreux qu'on possède sur l'existence, au Paléolithique supérieur, d'une civilisation déjà hautement organisée ont permis de tenter l'esquisse d'une* ***ethnologie préhistorique****. Cette ethnologie, à vrai dire embryonnaire, ne présente pas moins l'intérêt d'être la première synthèse de quelque envergure à laquelle on puisse se livrer sur l'homme* (moi qui souligne).

10 D. BAFFIER, F. DAVID, G. GAUCHER et M. ORLIAC, « André Leroi-Gourhan et l'ethnologie préhistorique », in *André Leroi-Gourhan ou les Voies de l'Homme*, Actes du Colloque du C.N.R.S., mars 1987, Paris, 1988, p. 46.

11 D. BAFFIER *et al., l.c.*

l'indexation des vestiges matériels que le temps aurait conservés. La conclusion des auteurs est assez surprenante ; comment expliquer, en effet, que l'ethnologie préhistorique devienne *l'une des plus essentielles sciences de l'homme, celle dont le champ d'étude concerne la plus longue période de l'histoire*[12] ? Ceci ne rend pas compte de la position de Leroi-Gourhan ; il a lui-même déclaré : *la préhistoire, c'est quelque chose qui se tient harmonieusement en équilibre entre l'ethnologie et les sciences naturelles*[13].

En réalité, Leroi-Gourhan voyait dans différentes disciplines le moyen d'arriver à étudier et à comprendre l'homme dans sa totalité. Esprit éclectique, il avait compris que cette image n'était possible qu'en les amalgamant. *Inséparables l'une de l'autre lorsqu'il s'agit de comprendre la vie des sociétés, préhistoire et ethnologie ne peuvent tendre qu'à se lier de plus en plus étroitement à l'histoire*[14]. Mais il y a plus, car à ces trois – et non deux comme le laissent à penser les auteurs de la communication – s'en ajoutent encore d'autres qui les éclairent. Ainsi, *l'anthropologie ou paléontologie humaine sont des techniques du versant scientifique de la préhistoire*[15]. Toutes ces sciences s'imbriquent, et de leur fusion résulte une synthèse qui livre une discipline nouvelle dont ni la préhistoire, ni l'ethnologie ne peuvent isolément rendre compte : *j'ai l'impression qu'il y a dans mon travail*, constatait Leroi-Gourhan, *une certaine unité, qui est la recherche d'un contact avec l'humanité sous différents angles qui se coordonnent*[16].

Plus qu'une simple addition de deux sciences, l'ethnologie préhistorique représente donc un essai de saisie de l'homme total qui s'appuie sur l'étude de tous les vestiges restituant une approche diachronique des différentes humanités qui se sont succédé, mais aussi une approche synchronique de l'homme, susceptible de dévoiler la socialité de ces différentes humanités, les deux approches nécessitant l'appui d'un grand nombre de disciplines (paléontologie humaine, paléozoologie, paléobotanique, palynologie, paléogéographie ...). *Pour progresser, il faut mettre en commun tout le capital des sciences de l'Homme*[17].

---

12 D. BAFFIER *et al.*, *o.c.*, 1988, p. 47.

13 A. LEROI-GOURHAN, *Les racines du monde*, *o.c.*, 1982, p. 12.

14 A. LEROI-GOURHAN, « L'histoire sans texte : ethnologie et préhistoire », in *L'Histoire et ses méthodes*, Paris, 1961, p. 247.

15 A. LEROI-GOURHAN, « Archéologie préhistorique, critique des témoignages », in *L'Histoire et ses méthodes*, Paris, 1961, p. 1215.

16 A. LEROI-GOURHAN, *Les racines du monde*, *o.c.*, 1982, p. 13.

17 A. LEROI-GOURHAN, « Ethnologie et géographie », in *Revue de géographie humaine et d'ethnologie*, I, 1948, p. 17.

2 PRATIQUER UNE ETHNOLOGIE DES PROFONDEURS

Cette image synthétique de l'homme que peut livrer l'ethnologie préhistorique n'a pas à se construire sur l'accumulation d'anecdotes. Une ethnographie ne mettrait en évidence que des faits, bien établis sans doute, mais toujours contingents. Elle n'aurait plus qu'à s'enfermer dans un comparatisme d'autant plus stérile que toute comparaison serait toujours potentiellement mise en échec par un fait nouveau qui la contredirait. Il faut ici, au contraire, travailler sur un terrain solide susceptible d'insérer les faits dans une trame qui leur donne une cohérence, dans un réseau qui leur restitue l'intelligibilité la meilleure ; il faut donc fournir à l'ethnologie préhistorique un cadre théorique propre à donner aux faits observés une valeur explicative. Il faut, autrement dit, faire de l'ethnologie préhistorique une science. Celle-ci, cependant, ne saurait se satisfaire de bases floues ; il faut un cadre épistémologique sûr qui puisse fournir un caractère de nécessité à l'explication qu'on donne aux faits, la catégorie de la nécessité constituant, on le sait, l'idéal du paradigme scientifique.

La recherche de ce cadre commande un point de départ fiable ; or, il en est un d'incontournable : l'homme est un animal, et en tant que tel, il est soumis aux lois du vivant. Il n'est pas sans intérêt d'interroger les origines de l'homme, puisque celles-ci – on l'a vu – sont riches de toutes les potentialités qu'il pourra déployer durant son existence biologique, mais aussi parce que les origines peuvent éclairer notre condition et nous aider à comprendre ce que nous sommes.

Le cadre épistémologique adopté sera donc celui que nous offre la biologie, et plus particulièrement – puisque le problème des origines est toujours présent – celui de la paléontologie. *L'archéologie et l'ethnographie ... ont la même perspective ethnologique, c'est-à-dire en quelque sorte biologique*[18]. Ce terrain de recherche présente des possibilités nouvelles que l'anthropologie sociale a ignorées ; les Durkheim et les Mauss qui ont aussi vigoureusement défendu le « fait social total » ont perdu, à s'appuyer sur une socialité toute faite, la possibilité de sonder l'humanisation des phénomènes

18 A. LEROI-GOURHAN, « L'histoire sans texte : ethnologie et préhistoire », in *L'Histoire et ses méthodes*, Paris, 1961, p. 219.

sociaux. Leroi-Gourhan ne disqualifie cependant pas leur apport ; il leur ajoute simplement le complément indispensable : *les deux faces de la recherche de l'homme ne s'annulent pas mutuellement, elles se complètent* [I, 211]. Elles se complètent car si leur point de vue est différent, en définitive leur objet est le même : *pour le sociologue ou l'anthropologue social, le fait social est totalement humain puisqu'il verse l'homme du sommet de la pente vers le bas. Pour celui qui pratiquerait une « ethnologie des profondeurs » le fait social apparaîtrait comme un fait biologique général, mais totalement humanisé* [I, 211]. Cette voie mérite donc d'être exploitée. Dès lors qu'elle met en place tout ce qui fait l'humanité de l'homme, elle dévoile simultanément sa socialité et n'a donc plus besoin de travailler sur un fait social posé *ex abrupto*. Mais l'ethnologie des profondeurs devient alors une voie préférentielle pour la recherche de l'homme, dans la mesure où ce travail de fondation lui assigne une rigueur qui lui garantit sa qualité scientifique.

3 LE DARWINISME COMME SEUL MOTEUR

Nous avons vu pourquoi une étude de l'homme pouvait être entérinée grâce au cadre épistémologique que fournissait la biologie. Il nous faut, à présent, examiner en quoi il consiste. En fait, la biologie contemporaine repose sur l'idée que les formes vivantes sont toutes le résultat de formes antérieures moins complexes qui ont évolué sous l'action de forces agissantes provenant du milieu dans lequel elles vivent. L'idée selon laquelle la pression sélective du milieu entraîne une sélection naturelle des espèces trouve son point de départ et son développement dans l'ouvrage fondateur de Charles Darwin, *De l'origine des espèces par voie de sélection naturelle*, en 1859[19].

Cette théorie de l'évolution, qui s'opposait d'ailleurs en grande partie à celle de Lamarck, eut la gloire que l'on sait et ne tarda pas à dépasser les seules bornes de la biologie. Et il n'est, sans doute, pas une science humaine aujourd'hui qui ne s'appuie, implicitement ou explicitement, sur l'évolutionnisme.

19 Cet ouvrage est paru sous le titre original de : *On the Origin of Species by Means of Natural Selection, or the Preservation of Favoured Races in the Struggle for Life*. Je rappelle, à cet égard, que le concept de sélection naturelle a été découvert pratiquement simultanément par Alfred Russel Wallace (1823-1914) qui a laissé à Darwin la paternité de l'idée.

L'ethnologie préhistorique de Leroi-Gourhan, à cet égard, ne fait pas exception. Il s'est lui-même déclaré darwiniste[20]. Mais alors que la plupart des auteurs développent leur théorie en y intégrant implicitement des éléments évolutionnistes, Leroi-Gourhan a explicitement construit toute sa théorie avec l'évolutionnisme comme seul moteur. Car il n'est pas que l'homme lui-même qui soit soumis à ce cadre épistémologique, mais aussi, comme nous avons déjà pu nous en rendre compte à travers la présentation de sa pensée, toutes ses manifestations. Ceci, du reste, ne surprend pas puisque tout ce dans quoi l'homme se manifeste est toujours une manifestation humaine. L'homme, autrement dit, marque ce qu'il crée en lui appliquant nécessairement de façon indélébile le caractère de son humanité. Il est donc normal que ce qu'il crée suive les mêmes lois que celles qui le gèrent.

L'univers humain entier s'inscrit donc dans le cadre de l'évolutionnisme, ce qui permet de l'expliquer comme **nécessaire** – puisque chaque forme est liée à celle dont elle provient –, mais aussi comme **libre** car une forme a toujours au départ la possibilité de se transformer en une infinité de possibles. *Le darwinisme est une doctrine qui laisse à peu près toute liberté : à la fois pour admirer la nécessité des formes et pour ne pas les considérer comme quelque chose d'intangible, d'immuable*[21]. Cet élément est capital, car à ne considérer que le problème de la nécessité, on priverait l'homme de sa dimension essentielle : la liberté. L'analyse que Leroi-Gourhan réalise de l'homme ne laisse aucun doute à cet égard. Celui-ci n'est pensable qu'au départ de – et à travers – la liberté.

Tout d'abord, comme être zoologique, l'homme est le résultat d'une évolution dont chacune des six étapes principales entraîne un degré de liberté supplémentaire. En effet, les *grandes étapes de l'ichtyomorphisme, de l'amphibiomorphisme, du sauromorphisme, du théromorphisme, du pithécomorphisme et de l'anthropomorphisme ... correspondent respectivement à l'équilibre en milieu aquatique, à la première libération par rapport à l'eau, à la libération de la tête, à l'acquisition de la locomotion quadrupède dressée, à l'acquisition de la station assise et à celle de la station debout* [I, 60], ce redressement ayant pour finale conséquence la libération des membres antérieurs d'une part, et la libération des contraintes musculaires qui entraîne à son tour le développement du cerveau d'autre part[22].

20 A. LEROI-GOURHAN, *Les racines du monde, o.c.*, 1982, p. 17.
21 A. LEROI-GOURHAN, *Les racines du monde, o.c.*, 1982, p. 17.
22 Pour tout ceci, cf. supra, II, 2.

Mais cette liberté intervient aussi dans les manifestations de l'homme, tant au niveau technique qu'au niveau verbal ou esthétique. Du stéréotype australanthrope unique à la multiplicité des stéréotypes chez les Néanthropes, on observe, en effet, cette même libération du geste et de l'outil qui naissent comme sécrétion du cerveau et du corps, et évoluent finalement vers leur extériorisation intégrale[23]. Une évolution similaire se retrouve pour le langage puisque la capacité verbale, dont les Australanthropes possèdent déjà sans doute quelques rudiments[24], s'extériorise finalement dans le graphisme, lui-même inscrit dans une évolution qui part du mythogramme et se termine avec l'audio-visuel, libérant chaque fois l'homme un peu plus des contraintes de l'interprétation[25].

Enfin, de même que l'outil se fait machine et que le verbe se fait écriture, les manifestations physiologiques les plus profondes, qui fournissent la base de l'esthétique physiologique, se libèrent progressivement et finissent par s'extérioriser dans l'organisme social[26]. Ces trois niveaux de manifestations sont donc intimement comparables, en ce qu'ils traversent chacun des étapes évolutives similaires qui ne peuvent se comprendre qu'en termes de libération.

4 ÉVOLUTIONNISME DARWINIEN ET TRANSFORMISME LAMARCKIEN

L'univers humain tout entier est donc, chez Leroi-Gourhan, emporté par le flux de l'évolutionnisme darwinien[27]. Il est donc étonnant de constater que cet aspect primordial de sa pensée n'a fait l'objet d'aucune communication lors

23 Cf. supra, II, 4.2. et 4.3.

24 Cf. supra, II, 4.1.

25 Cf. supra, II, 6.

26 Cf. supra, II, 8.3.

27 Par souci de simplification, je me conformerai à l'usage établi et utiliserai, pour caractériser la théorie de Darwin, le mot « évolutionnisme ». Toutefois, il faut garder en mémoire le fait que le mot « évolution » ne figure pas dans les textes de Darwin. Dans l'*Origine des Espèces*, il n'apparaît qu'à partir de la sixième édition – parue dix ans après la première. C'est que ce concept, comme l'a montré E. GILSON (*D'Aristote à Darwin et retour*, Paris, 1971, pp. 82-101), était à l'origine utilisé dans un sens tout différent : associé au concept de préformation – un des chapitres de la *Palingenésie* de Charles Bonnet s'intitule « Préformation et évolution » –, il signifie le déroulement (é-volution)

organe – qui se transmet de façon héréditaire comme le stipule la seconde loi appelée pour cette raison *loi de la transmission des changements acquis*, et non *de l'hérédité des caractères acquis*, comme on le trouve trop souvent, puisque, comme le fait bien remarquer Barthélémy-Madaule, d'une part *l'« hérédité » en 1809 n'est pas un concept scientifique*, et d'autre part *le « caractère » est un terme employé par Darwin, précisé beaucoup plus tard par Mendel et que la génétique mettra en relief*[40].

Le besoin est donc doté d'une capacité extraordinaire, puisqu'il suffit à l'être vivant pour remodeler son organisation, pour faire apparaître ou disparaître des organes et pour le faire finalement changer d'espèce : soumis à de nouvelles circonstances pendant un temps suffisamment long, des individus *qui appartenoient originairement à une autre* ***espèce****, se trouvent à la fin transformés en une* ***espèce*** *nouvelle, distincte de l'autre*[41]. Il est important de noter, à cet égard, que la diversification spécifique ne doit pas être comprise comme « une échelle des êtres », telle qu'on la trouve développée chez Charles Bonnet (1720-1793) par exemple, mais plutôt comme une série arborescente, « rameuse » selon le mot de Lamarck. Bonnet[42], quant à lui, considère que tout ce qui est, depuis les éléments fondamentaux tels que l'air, le feu ... jusqu'aux Séraphins, en passant par les végétaux, les animaux, les hommes ..., s'organise de façon continue en **une** succession qui tend vers la perfection[43].

Cependant, et quoique la nature soit soumise aux circonstances, il ne faudrait pas croire que le vivant résulte du hasard. *Le mot de hasard n'exprime que notre ignorance des causes*[44]. C'est la faiblesse de notre jugement qui nous empêche de voir que *des désordres sont sans réalité dans la nature, et que ce ne sont au contraire, que des faits dans l'ordre général*[45]. Cette puissance mécanique, avec laquelle la nature gère le destin des végétaux et

40 M. Barthélémy-Madaule, *o.c.*, 1979, p. 91.

41 J.-B. Lamarck, « Discours d'ouverture, An XI », in *Bulletin scientifique de la France et de la Belgique*, XL, 1907, p. 98.

42 C. Bonnet, *La palingenésie philosophique*, 1769 et id., *La contemplation de la nature*, 1770.

43 Voir à ce sujet J. Schiller, « L'échelle des êtres et la série chez Lamarck », in *Colloque international « Lamarck »*, Paris, 1971, pp. 87-103.

44 J.-B. de Lamarck, *Histoire naturelle, o.c.*, I, 1835, p. 270 et id., *Système analytique, o.c.*, 1830, p. 59.

45 J.-B. de Lamarck, *Histoire naturelle, l.c.* et id., *Système analytique, o.c.*, 1830, pp. 59-60.

des animaux, inscrit l'ensemble de sa production sous la catégorie impérieuse de la nécessité[46]. A cet égard, la multiplicité des circonstances ne brise pas l'harmonie naturelle : *quoique les circonstances fassent quelquefois varier ses produits et celles des lois qui doivent être employées, c'est encore, néanmoins, par des lois de la* ***nature*** *que ces variations sont dirigées*[47]. Lois de la nature et circonstances diverses sont en fait dialectiquement articulées, et l'on comprend dès lors que le vivant s'édifie suivant un ordre général. Cet ordre de la nature est *déterminé, dans son ensemble, d'une manière qui ne laisse aucune prise à l'arbitraire*[48]. Le vivant répond donc à un processus organisateur strict dont les principes sont inscrits dans un *plan général de la nature*[49].

Cette conclusion a toute son importance pour notre propos, car ce que Lamarck nous donne à penser ici, c'est que l'histoire du vivant, pour l'exprimer dans des termes d'aujourd'hui, répond à une **orthogenèse**[50] : soumises aux mêmes lois, conduites vers le même but, les formes vivantes ont une histoire qui se déroule sur des chemins que les circonstances peuvent certes faire différer, mais qui ne peuvent être que parallèles. Or, cette position est impensable pour Darwin qui considère que l'adaptation est toujours ponctuelle, puisqu'elle dépend des contraintes que tel milieu exerce sur tel animal ou végétal particulier. Chaque forme vivante a donc, pour Darwin, une histoire propre qui ne saurait être, en aucun cas, programmatique.

Ainsi donc, le transformisme de Lamarck ne peut en définitive pas faire l'économie d'un dieu qui a imprimé dans le vivant la notion de progrès, et d'une nature – finalement aussi déterminante que le dieu auquel il en appelle – qui lui permet de le réaliser : *l'organisation et la vie sont le produit de la nature, et en même temps le résultat des moyens qu'elle a reçus de l'****Auteur Suprême*** *de toutes choses et des lois qui la constituent*[51]. Ce transformisme est donc indubitablement marqué par le sceau du finalisme.

---

46 Voir à ce sujet la 6e partie de J.-B. DE LAMARCK, *Histoire naturelle, o.c.*, I, 1835, p. 250 : *De la nature ou de la puissance, en quelque sorte mécanique, qui a donné l'existence aux animaux, et qui les a fait nécessairement ce qu'ils sont.*

47 J.-B. DE LAMARCK, *Histoire naturelle, o.c.*, I, 1835, p. 270.

48 J.-B. DE LAMARCK, *Philosophie zoologique*, I, Paris, 1873, p. 126.

49 J.-B. DE LAMARCK, *o.c.*, I, 1873, p. 146.

50 **Orthogenèse** : suite de variations qui, au cours de l'évolution des êtres vivants, se produisent dans le même sens, et à travers plusieurs espèces ou plusieurs genres. D'après *Dictionnaire Le Robert, s.v.* « orthogenèse ».

51 J.-B. DE LAMARCK, *Philosophie zoologique*, II, Paris, 1873, p. 57.

Les théories de Lamarck, quoique révolutionnaires pour l'époque – nous sommes aux temps où règnent fixisme, créationnisme et catastrophisme des Linné et des Cuvier[52] –, présentent des différences radicales par rapport aux théories contemporaines issues des vues de Darwin. Et ces différences radicales existent parce qu'au départ la notion de hasard est refusée. Comme le signale Buican dans une formule très dense, *seule l'introduction de la notion de hasard – complètement étrangère au scientisme déterministe de Lamarck – aurait pu, éventuellement, aboutir à une théorie capable de faire l'économie, à la fois, d'un Horloger originel et d'une Matière dont les transformations, suivant un finalisme propre, évoquent un providentialisme immanent dans la nature*[53].

5 LEROI-GOURHAN : UN TRANSFORMISME FINALISTE

Il nous faut à présent, à la lumière des éléments dégagés, essayer de mettre en évidence la ligne dans laquelle s'inscrit l'évolutionnisme de Leroi-Gourhan. Je propose d'analyser successivement l'image que Leroi-Gourhan donne de l'évolution de l'homme lui-même, puis celle qu'il donne de l'évolution de la triple dimension technique, sociale et esthétique, enfin celle du concept de milieu – essentiel dans le système darwinien –, afin de mettre en relief l'origine des éléments constitutifs du cadre épistémologique dans lequel l'auteur travaille.

5.1 L'homme : but et point final de la nature

Caractéristique marquante dans la pensée de Leroi-Gourhan, l'homme semble avoir été promu par la nature aux plus hautes destinées. Quoique l'auteur insiste sans cesse, à l'instar de Darwin, sur la nécessité impérieuse de ne considérer l'homme qu'en fonction de ses attaches avec les autres êtres vivants – *l'originalité biologique de l'homme est ... dans le fait qu'il est*

52 Sur le rôle décisif joué par Lamarck contre le catastrophisme, voir : L. Goulven, « Cuvier et Lamarck : la querelle du catastrophisme », in *La Recherche*, n° 183, 1986, pp. 1510-1518.

53 D. Buican, *La révolution de l'évolution*, Paris, 1989, p. 96.

homme sans avoir rien perdu de la continuité avec le monde vivant[54] –, l'analyse de ses textes trahit le point de vue qu'il s'impose au départ. Car si l'on y regarde de plus près, l'homme n'est pas, chez Leroi-Gourhan, un simple mammifère parmi les mammifères, il représente l'aboutissement d'une série d'étapes dont chacune d'elles l'annonce un peu plus.

Tout se passe, en effet, comme s'il y avait une tension dans le vivant qui le conduisait nécessairement, via la multiplicité des formes animales, vers l'humanité. Quant aux autres formes vivantes, elles ne seraient, en quelque sorte, que laissées pour compte, non pas au niveau individuel – leur existence est la garantie d'une perfection relative – mais au niveau plus général de l'évolution. *Le lichen, la méduse, l'huître ou la tortue éléphantine ne sont, comme les Dinosaures géants, que des retombées du jet principal braqué dans notre direction* [I, 85]. Et à cet égard, seule l'évolution doit être l'objet de nos préoccupations, car elle fournit une explication d'ensemble du vivant. Son examen *met en lumière une longue piste régulièrement ascendante sur laquelle chaque « libération » marque une accélération de plus en plus considérable* [I, 41]. Cette ascension continue entraîne, à chaque transformation, davantage de perfection.

Or, la dernière étape évolutive doit être forcément marquée par l'être vivant qui accumule le maximum de libérations possibles ; cet être existe, c'est l'homme ! C'est pourquoi Leroi-Gourhan peut dire qu'*il s'agit dans l'évolutionnisme ... de rapporter explicitement ou non le monde vivant à l'homme actuel* [I, 41]. Ce propos est lourd de conséquences ; si on l'interprète en termes de systématique, il signifie que, contrairement à la biologie contemporaine qui, depuis Darwin d'ailleurs, se représente l'homme comme l'une des nombreuses espèces occupant l'un des rameaux de l'arbre phylétique, chez Leroi-Gourhan, tout se passe comme si l'humanité occupait le tronc d'un arbre – pour reprendre la comparaison bien connue de la systématique – dont chacune des branches figurerait l'une des espèces humaines, et dont les racines symboliseraient les innombrables espèces animales vivant ou ayant vécu, celles-ci annonçant, au fil des libérations qu'elles auraient encore à parcourir, l'existence privilégiée de celles-là. *L'homme ne descend pas du singe, mais* ***il monte de quelque chose*** *qui a pu y ressembler très anciennement*[55].

54 A. LEROI-GOURHAN, *Technique et société chez l'animal et chez l'homme*, in *Originalité biologique de l'homme*, Paris, 1957, p. 11 et id., in *Le fil du temps. Ethnologie et préhistoire, 1920-1970*, Paris, 1983, p. 110.

55 A. LEROI-GOURHAN, *L'illusion technologique*, in *La Technique et l'Homme*, Paris, 1960, p. 69 (moi qui souligne).

Formellement, la parenté avec Lamarck est évidente. Nous retrouvons, en effet, chez Leroi-Gourhan, la double dimension déterministe et finaliste, puisque toute l'évolution du vivant se ramène à une inévitable complexification avec comme but ultime l'existence d'*Homo sapiens*. Car toute l'évolution du vivant est tendue *dans la voie de la recherche du contact conscient* [I, 86]. Il s'agit non pas de la simple conscience déjà présente chez n'importe quel animal – chaque type de conscience n'est qu'une étape incomplète –, mais de la conscience lucide qui en est la réalisation finale : *les animaux mobiles, par les Vertébrés ont entretenu les relais nécessaires pour parvenir à l'intelligence* [I, 47].

Substantiellement même, la comparaison entre les deux est légitime, comme en témoigne ce court extrait de la philosophie zoologique : *or, quoique l'homme soit hors de rang, à cause de l'extrême supériorité de son intelligence, relativement à son organisation, il offre assurément le type du plus grand perfectionnement où la nature ait pu atteindre : ainsi, plus une organisation animale approche de la sienne, plus elle est perfectionnée*[56].

La nécessité du progrès qui anime l'évolution du vivant appelle donc une forme idéale qui en constitue le but et dans laquelle les deux auteurs reconnaissent l'homme. Leroi-Gourhan va pourtant plus loin. Alors que Lamarck pense l'homme comme être autonome, isolé, bref comme individu, Leroi-Gourhan ne le conçoit que comme être indissolublement intégré dans un réseau qui le lie aux autres êtres de son espèce. L'homme, dès le départ, a dû connaître une vie sociale dont le groupe conjugal était l'atome et le groupe ethnique en quelque sorte la molécule[57]. Ce caractère est intrinsèquement anthropien, mais trouve son origine dans des impératifs biologiques qui rendent ce mode d'organisation nécessaire. La dimension anthropienne apparaît cependant dans le fait que l'homme puise dans la tradition qui est la sienne un patrimoine de connaissances immédiatement utilisables. La mémoire de l'humanité n'est donc plus génétique mais sociale, et cette socialité est elle-même inscrite dans le registre évolutionniste qui se marque dans sa progressive extériorisation[58]. Humanité et socialité sont donc, chez Leroi-Gourhan, des concepts indissociables. Nous aurons cependant l'occasion de voir que tout ceci ne va pas sans problème.

---

56 J.-B. DE LAMARCK, *o.c.*, I, 1873, p. 148.

57 Cf. supra, II, 5.1.

58 Cf. supra, II, 7.2.

Mais il y a plus, car si l'homme est le but de la nature, il en est aussi le point ultime. Après avoir minutieusement retracé l'évolution des êtres vivants du poisson jusqu'à l'homme, Leroi-Gourhan s'interroge sur le fait de savoir s'il est possible de prolonger davantage la trajectoire humaine. Or, en considérant les différents éléments qui caractérisent l'homme, l'auteur constate qu'un remaniement important n'est plus possible. Bien entendu, l'utilisation de la sélection artificielle pourrait entraîner un gain du volume cérébral ; malheureusement, cette transformation entraînerait inévitablement la perte de la main, de la denture et celle de la station verticale. Il faut alors se demander ce qu'*une humanité anodonte et qui vivrait couchée en utilisant ce qui lui resterait de membres antérieurs pour appuyer sur des boutons* [I, 183] aurait encore d'humain.

En réalité, cette voie n'offre donc guère plus d'issue que la voie « naturelle ». Et dans la mesure où l'homme a atteint le point d'équilibre optimal, deux solutions seulement s'offrent à lui. *Il n'est pas sans exemple en paléontologie que des espèces aient atteint un point d'équilibre que la suite montre avoir été permanent. Les unes l'ont fait en acquérant (...) une sorte de stabilité immuable, d'autres l'ont fait en s'éteignant de manière définitive. Les chances pour l'homme paraissent être de la deuxième catégorie* [I, 184]. Il ne reste donc, pour l'espèce humaine, qu'à profiter des quelques dizaines de millénaires de répit que le temps lui laisse au mieux, ou de suspendre – mais pour un temps forcément limité – par des manipulations génétiques le cours normal de l'évolution.

Passé ce répit, l'homme aura épuisé le potentiel dont il était investi ; alors, il ne lui restera qu'à disparaître de la scène du monde : *libéré de ses outils, de ses gestes, de ses muscles, de la programmation de ses actes, de sa mémoire, libéré de son imagination par la perfection des moyens télé-diffusés, libéré du monde animal, végétal, du vent, du froid, des microbes, de l'inconnu des montagnes et des mers, l'**Homo sapiens** de la zoologie est probablement près de la fin de sa carrière* [II, 266]. Malheureusement, cette disparition signera simultanément celle du monde lui-même, ce monde qu'une insatiable volonté de puissance aura saigné à blanc : *la dernière poche de pétrole vidée pour cuire la dernière poignée d'herbe mangée avec le dernier rat* [I, 260].

Ainsi, cet être, dont toute l'histoire évolutive s'est opérée sous le blanc-seing de la libération, arrive finalement au bout de sa course. En se libérant de la réalité, il a lui-même institué, selon Leroi-Gourhan, sa propre inutilité comme être biologique et s'est par là même engagé sur le chemin de sa condamnation.

5.2 La technique, le langage et l'esthétique : une orthogenèse finaliste

Nous avons vu d'une part que la technicité était en place avec l'apparition des premiers Anthropiens et que celle-ci avait subi une évolution exponentielle qui l'avait progressivement libérée de son astreinte au physiologique[59], et d'autre part que le déverrouillage préfrontal, qui s'était opéré à la charnière Paléanthropes-Néanthropes, avait conclu ce processus évolutif en permettant l'extériorisation du fait technique. Or, cette évolution frappe par son identité avec celle du cerveau humain. Leroi-Gourhan montre, en effet, que la confrontation de deux courbes, dont l'une représenterait l'évolution du volume cérébral et l'autre l'évolution du rapport longueur tranchant/poids des outils lithiques[60], présente une similarité telle qu'il faut penser, ici, à un fait répondant à une véritable orthogenèse.

Et ce qui est vrai pour la technique l'est également pour le langage. Dès l'Australanthrope, l'existence d'un langage rudimentaire doit être envisagé. Il y a, en effet, *possibilité de langage à partir du moment où la préhistoire livre des outils, puisqu'outil et langage sont liés neurologiquement et puisque l'un et l'autre sont indissociables dans la structure sociale de l'humanité* [I, 163]. Or, ce que l'on constate, c'est que le progrès technique est intimement lié à celui des symboles techniques du langage. Et le niveau des deux doit donc être équivalent, chez l'Australanthrope, à la taille simple qui permet l'obtention d'un chopper. Il doit donc correspondre à ce type d'outil une série limitée de sons qui doivent permettre un langage rudimentaire.

Plus évolué, l'Archanthrope, quant à lui, devait déjà être capable, pour réaliser les quelques types d'outils dont il était l'auteur, de chaînes opératoires qui laissent à penser qu'il devait pouvoir manipuler un langage déjà riche mais ayant trait à des situations concrètes. Cet état de choses est, du reste, resté stationnaire jusqu'aux Paléanthropes, avec lesquels devait se greffer à la fonction de communication la possibilité d'exprimer des conceptions liées à la religiosité. A l'instar de la technique dont étonnamment il est censé calquer les progrès, le langage suit donc l'évolution de l'appareil cérébral. C'est, on s'en souviendra, une trajectoire évolutive similaire qui avait été proposée par Leroi-Gourhan pour le comportement esthétique[61]. Ces « évolutions parallè-

---

59 Cf. supra, II, 4.2.5.

60 Pour cette confrontation, voir A. Leroi-Gourhan, *o.c.*, I, 1964, p. 196, fig. 15.

61 Cf. supra, II, 8.2.

les » ont, en outre, en commun d'avoir un destin identique. Après avoir été cadenassé par une totale astreinte au biologique pendant des centaines de millénaires, l'homme, dès la fin du Moustérien, se libère de cette férule et extériorise sa mémoire génétique en une mémoire sociale qui assurera seule la conservation de son patrimoine.

De la même manière, au terme de quatre stades au fil desquels la motricité directe va laisser la place à la motricité indirecte puis au déclenchement d'un processus moteur et enfin au déclenchement d'un processus programmé, l'outil, le geste et la motricité se trouvent complètement extériorisés. Et de même que pour le cerveau humain, dont on ne voit pas comment il pourrait encore gagner un échelon au sein de son évolution, la technique ne peut qu'arriver au bout de la sienne. Car si l'adaptation n'est pas encore terminée – il faut encore que s'extériorise le cerveau –, *du point de vue strictement technologique la mutation est déjà faite* [II, 58].

L'appareil technique sera dès lors complètement extérieur à l'homme et celui-ci, avec un dispositif ostéo-musculaire devenu désuet, ne sera plus qu'une pièce destinée à assurer le bon fonctionnement social. Arrivé à ce stade, au gré d'une évolution dont chaque étape logique amène nécessairement la suivante, l'homme n'aura d'autre issue que de se changer en autre chose ; *or, force est de raisonner sur l'homme zoologique qui ne changera pas en un siècle* [II, 60]. L'évolution humaine, par la rapidité de sa marche, exige des acquis qui dépassent les possibilités offertes par la nature. En d'autres termes, le « temps » de l'évolution humaine va trop vite par rapport au « temps » de l'évolution biologique. L'homme peut investir son patrimoine culturel dans un sur-organisme social en extériorisant son savoir-faire ou ses traditions, mais il est vain d'attendre du monde naturel, en l'espace de quelques décennies ou de quelques siècles, un changement de nature qui rende l'être humain idéalement adéquat pour remplir le rôle unifonctionnel que la machine sociale exige de lui. Et comme l'avenir de l'homme, l'avenir de la technique est donc, selon Leroi-Gourhan, fortement compromis.

C'est vers le même point d'arrivée que s'achemine l'évolution du langage. Du verbal à l'audio-visuel, en passant par les différentes étapes de l'écriture[62], on observe, en effet, une série d'états logiques s'enchaînant sans aucune rupture les uns aux autres et menant inéluctablement vers une extériorisation complète de l'information. *Le langage qui avait quitté l'homme dans les œuvres de sa main par l'art et l'écriture marque son ultime*

62 Cf. supra, II, 6.

séparation en confiant à la cire, à la pellicule, à la bande magnétique les fonctions intimes de la phonation et de la vision [I, 300]. Et de même que l'évolution technique réduit l'homme à devenir une « cellule » rendue apte à servir le « super-organisme » social, de même la canalisation de plus en plus rationnelle de la pensée dans l'évolution de l'écriture d'abord, dans l'apparition de l'audio-visuel enfin, entraîne un appauvrissement de l'imagination qui tend à transformer l'homme en une cellule dépersonnalisée, tout entière au service de la société.

Enfin, le domaine de l'esthétique n'échappe pas à la règle générale. En effet, tous ses niveaux – physiologique, technique, social et figuré – se trouvent articulés entre eux sans discontinuité, dans une séquence évolutive devant inévitablement aboutir à son extériorisation par rapport à l'homme. *De la satisfaction digestive au bel outil, à la musique dansée, à la danse regardée dans un fauteuil, il y aurait le même phénomène d'extériorisation* [II, 89], qui, de la même manière, entraîne l'homme comme individu dans une impasse. Ce fait apparaît clairement lorsqu'on analyse l'évolution du dispositif spatio-temporel dans l'esthétique sociale, tel que Leroi-Gourhan l'explicite[63]. Des campements de chasseurs paléolithiques aux villes industrielles contemporaines, l'homme s'est trouvé plongé dans un espace à chaque fois plus distendu. Or, ce dernier, quoique nécessaire pour faire face aux besoins nouveaux des hommes, est incompatible avec le comportement spatio-temporel de l'homme zoologique. Car *un espace vivable est un espace ordonné dont on peut toucher les limites en un temps compatible avec la rotation des opérations quotidiennes. C'est aussi un espace qui répond à des besoins esthétiques fondamentaux, qui répond à l'insertion des surfaces humanisées dans une proportion suffisante de ciel et de nature* [II, 182].

Par ailleurs, l'imposition d'un temps urbain, par la périodicité des transports en commun, par la normalisation des horaires et par le rythme des émissions médiatiques, a réglé la vie des hommes en fonction de rythmes d'activités soigneusement déterminés. Ici encore, l'homme s'est vu, au prix de son individualité, noyé dans un réseau social dont il n'était plus qu'une cellule spécialisée. Et pour Leroi-Gourhan, *il n'est pas interdit de penser que la liberté de l'individu ne représente qu'une étape et que la domestication du temps et de l'espace entraîne l'assujettissement parfait de toutes les particules de l'organisme supra-individuel* [II, 186].

---

63 Cf. supra, II, 8.2.3.

Ainsi donc, l'infinie diversité des manifestations humaines se laisse canaliser dans des trajectoires évolutives toutes formellement identiques, et c'est donc bien ici à une orthogenèse telle qu'on l'avait vue à l'œuvre chez Lamarck qu'on a affaire.

5.3 Milieu et milieux

Nous avons vu en quoi le système de Leroi-Gourhan participait plus du paradigme lamarckien que du cadre évolutionniste darwinien. Pourtant, un élément subsiste qui pourrait infirmer ce que j'ai essayé de montrer et auquel il va falloir s'attacher à présent.

Tout le mécanisme de la sélection naturelle chez Darwin repose, en dernière instance, sur la notion de **milieu**. *Si lente que puisse être la marche de la sélection ... je ne vois aucune limite à l'étendue des changements, à la beauté et à l'infinie complication des coadaptations entre tous les êtres organisés, tant les uns avec les autres, qu'avec les conditions physiques dans lesquelles ils se trouvent, qui peuvent, dans le cours du temps, être effectuées par la sélection naturelle, ou la survivance des plus aptes*[64]. Tout ce qui environne l'être vivant – végétaux, animaux, mais aussi cadre physico-chimique – influe donc directement sur son destin. Ne sont retenus que les changements qui **adaptent** le vivant à tout ce qui l'environne, c'est-à-dire au **milieu** dans lequel il se trouve[65], et le milieu est donc, à l'exception d'autres facteurs, l'élément unique responsable de l'histoire du vivant. A cet égard, les milieux chez Lamarck[66] – et les circonstances en général – ne pèsent que très peu sur les êtres vivants dont le destin est déjà tracé pour l'essentiel. Les circonstances sont ici largement inessentielles et leur contingence ne saurait altérer un plan de la nature prédéterminé. C'est dire aussi que le concept d'adaptation ne saurait recevoir, chez Lamarck, aucune pertinence[67]. Ni

64 C. DARWIN, *L'origine des espèces, o.c.*, 1973, p. 118.

65 Le milieu est l'ensemble des objets matériels, des êtres vivants, des conditions physiques, chimiques, climatiques qui entourent et influencent un organisme vivant (d'après : *Dictionnaire Le Robert, s.v.* « milieu »).

66 Le mot « milieu » – quoique rare – est utilisé par Lamarck, mais toujours au pluriel. Il vise ce qui est d'ordre physico-chimique et fait partie des circonstances au même titre que *les climats, les situations, les moyens de vivre et de pourvoir à sa consommation* (*Nouveau dictionnaire d'histoire naturelle* ..., Déterville, XXII, 1818, p. 373, *s.v.* « nature » [article de Lamarck] ; J.-B. DE LAMARCK, *Philosophie zoologique, o.c.*, 1873, I, pp. 141-150).

67 Voir à ce sujet C. LIMOGES, *La sélection naturelle*, Paris, 1970, pp. 31-47.

tâtonnements, ni échecs – Lamarck ne croyait pas aux « espèces perdues »[68] –, la nature gère ses productions suivant les intentions divines, et le milieu, à l'inverse de la position de Darwin, n'est donc, chez Lamarck, qu'un épiphénomène.

Or, la question mérite notre attention, car le concept de milieu est présent chez Leroi-Gourhan et y reçoit même une place d'importance. Le milieu est le contexte dans lequel l'homme se trouve placé. Mais ce contexte – et de ce point de vue Leroi-Gourhan se démarque déjà par rapport à Darwin – doit être entendu dans un sens très large qui comprend non seulement tout ce qui environne l'être humain, mais aussi ce qui lui appartient et le caractérise. Leroi-Gourhan opère, en effet, une distinction entre **milieu extérieur** – lequel représente *tout ce qui matériellement entoure l'homme : milieu géologique, climatique, animal et végétal* mais aussi *témoins matériels et ... idées qui peuvent provenir d'autres groupes humains*[69] et qui recoupe ce que depuis Darwin la biologie comprend par le concept de milieu – et **milieu intérieur** – qui concerne *à chaque moment du temps, dans une masse humaine circonscrite ... ce qui constitue le capital intellectuel de cette masse, c'est-à-dire un bain extrêmement complexe de traditions mentales*[70].

Or, la place de ce milieu intérieur est centrale, car il est, dans l'infinité des possibles que représente le milieu extérieur, l'organe finalement souverain qui non seulement autorisera la diffusion des idées nouvelles, mais encore déterminera les modalités de leur passage, *l'adoption ne pouvant pas se faire dans n'importe quelles conditions, mais dans un état déjà favorable du milieu intérieur*[71].

La diffusion d'une idée, d'une technique ne se fait pas, en effet, au gré des aléas ; pour que l'une ou l'autre s'implantent dans un groupe culturel, il faut que cette idée, cette technique soient en résonance avec le fonds culturel du groupe sur lequel elles viennent buter et le milieu intérieur est donc, dans cette optique, comme le diapason qui autorise la diffusion des faits culturels. *On n'a jamais rencontré un outil créé de toute pièce pour un usage à trouver sur des matières à découvrir*[72]. Le groupe ne peut prendre que ce qu'il est prêt à recevoir, et ce qu'il adopte l'est toujours suivant des modalités déterminantes

68 J.-B. DE LAMARCK, *Philosophie zoologique, o.c.*, 1873, I, pp. 91-96.
69 A. LEROI-GOURHAN, *Evolution et technique*, II, Paris, 1973, pp. 333-334.
70 A. LEROI-GOURHAN, *o.c.*, II, 1973, p. 334.
71 A. LEROI-GOURHAN, *o.c.*, II, 1973, p. 335.
72 A. LEROI-GOURHAN, *o.c.*, II, 1973, p. 370.

imposées par le milieu intérieur lui-même. L'ensemble des institutions sur lesquelles vient se greffer une nouveauté lui impose évidemment un remodelage qui favorisera son intégration au fonds traditionnel. Mais cette adaptation dépend, bien entendu, du degré de différence de l'idée à adopter ou à inventer. Si le décalage est trop important, la nouveauté est refusée. C'est que le milieu intérieur est investi par une force qui autorise son activité : *pour distinguer cette propriété toute spéciale de l'Evolution qui rend en quelque sorte prévisibles les conséquences de l'action « milieu extérieur – milieu intérieur », nous avons pris à notre compte le terme philosophique de « tendance »*[73].

L'évolution est donc rendue possible par une force propulsive – la tendance, dont la nature *est le mouvement général qui donne au milieu intérieur une adhérence de plus en plus étroite au milieu extérieur*[74]. Mais ce rapport dialectique, qui articule milieu extérieur et milieu intérieur, et qui évoque la réponse évolutive d'un être vivant à son milieu chez Darwin, ne doit pas faire illusion, car le milieu intérieur ne se trouve pas face à un milieu extérieur qui serait comme un bloc contraignant exigeant de sa part une réponse adéquate. C'est, tout au contraire, le milieu intérieur qui choisit à même le milieu extérieur les éléments qu'il doit avoir. Nous l'avons vu, le groupe ne prend que ce qu'il est prêt à recevoir : il choisit donc, en fonction de son patrimoine culturel, une réponse à une question qu'il est capable de poser. Le milieu intérieur se constitue, en réalité, sur la base d'éléments appartenant au milieu extérieur ; mais ces éléments, dès lors qu'ils sont intégrés, deviennent une parcelle du milieu intérieur[75]. Le milieu intérieur ne se constitue donc nullement en réponse à la pression sélective du milieu extérieur et ne peut donc, en aucun cas, s'apparenter au concept darwinien de milieu.

En revanche, si l'on veut bien y réfléchir, nous retrouvons dans le couple milieu intérieur-milieu extérieur les caractéristiques des deux concepts lamarckiens de nature et de circonstances.

Milieu intérieur et nature sont tous deux actifs, et leur activité s'effectue au départ d'une **tendance inscrite en eux**. A l'instar de Lamarck et à l'opposé de Darwin, Leroi-Gourhan retrouve donc l'idée d'une force qui imprime un

73 A. LEROI-GOURHAN, *o.c.*, II, 1973, p. 336.

74 A. LEROI-GOURHAN, *o.c.*, II, 1973, p. 338.

75 Tout ceci sera développé dans la partie concernant le social : cf. en particulier infra, IV, 2.3.

sens à sa production et dont elle gère le devenir : *la tendance a un caractère inévitable, prévisible, rectiligne*[76]. Et cette force finalisante peut exercer une action limitative. L'invention ne saurait pas s'instituer sur le sol absolu de la liberté ; elle ne peut être que parce qu'elle rejoint le sens de la tendance : *l'invention est un acte de l'intelligence qui coïncide avec le sens de la tendance*[77].

De plus, le milieu extérieur – assimilable aux circonstances chez Lamarck – est susceptible, lorsqu'il se modifie, d'adapter les besoins ou d'en créer de nouveaux. L'emprunt, par exemple, pour être possible *doit d'abord combler un besoin préexistant, ou mieux le satisfaire, ou en créer un nouveau qui soit compatible avec la vie immédiate du groupe*[78]. Comme chez Lamarck, le milieu extérieur satisfait au développement normal du vivant, c'est-à-dire qu'il comble ses besoins ; et la variation des circonstances entraîne, pour le vivant, des transformations appelant de nouveaux besoins qui entraîneront, à leur tour, une organisation nouvelle au sein du milieu intérieur. Car si l'emprunt s'intègre au milieu intérieur et l'enrichit sans pourtant sembler l'ébranler, le fait est que *l'accumulation progressive de ces emprunts discrets aboutit en fait à un changement du milieu intérieur*[79]. Et ce changement de milieu intérieur ne peut que signifier pour lui passage d'une cohérence vers une nouvelle cohérence, avec comme conséquence essentielle chez Lamarck l'apparition d'une nouvelle espèce et chez Leroi-Gourhan – mais nous le savons, pour Leroi-Gourhan espèce animale et groupe ethnique humain sont équivalents – celle d'un groupe nouveau. *A certains moments de leur vie matérielle, des groupes humains … entrent dans une période intense d'associations qui les projettent littéralement dans un groupe technique nouveau*[80]. La soudaineté de ce passage évoque, du reste, pour Leroi-Gourhan, le phénomène de mutation génétique. Toutefois, cette interprétation ne tient pas, car la mutation n'est aucunement préparée par de subtiles transformations qui la rendraient possible ; elle apparaît comme une modification imprévisible, elle ne suit aucune direction, aucune tendance et n'agit donc pas dans un sens déterminé. Bref, elle est entièrement aléatoire et ne saurait donc pas être cumulative. Or, pour Leroi-Gourhan et comme le

76 A. LEROI-GOURHAN, *Evolution et techniques*, I, Paris, 1971, p. 27.
77 A. LEROI-GOURHAN, *o.c.*, II, 1973, p. 377.
78 A. LEROI-GOURHAN, *o.c.*, II, 1973, p. 359.
79 A. LEROI-GOURHAN, *o.c.*, II, 1973, p. 363.
80 A. LEROI-GOURHAN, *o.c.*, II, 1973, p. 382.

stipule la seconde loi de Lamarck[81], la nouveauté, dès lors qu'elle est acquise, est conservée aux générations suivantes. L'auteur doit, en effet, – c'est le bon sens qui l'exige – y souscrire : *la transmission héréditaire des caractères acquis est normale en technologie*[82], mais aussi – orthogenèse oblige – dans toutes les caractéristiques humaines.

6 L'APORIE ÉPISTÉMOLOGIQUE

Centre privilégié de l'univers, l'homme a reçu, de la part de Leroi-Gourhan, en vue de la constitution d'un système pour le penser, les égards positifs de la biologie, de l'ethnologie et de la préhistoire. La biologie lui a octroyé un cadre épistémologique indispensable pour le penser sans le déraciner du vivant ; l'ethnologie a apporté ses critères en vue d'en permettre une élucidation du point de vue synchronique, tandis que la préhistoire a fourni des jalons pour servir à une compréhension de sa dimension diachronique. Ces trois disciplines ont été fondues, et leur synthèse avait pour but d'ériger une ethnologie préhistorique dont la valeur essentielle était l'apport d'une compréhension totalisante de l'homme dans les strictes limites d'un système scientifique.

Car tout en respectant l'incontournable idée d'évolution, Leroi-Gourhan a voulu fournir, dans un même système, une explication qui rende compte à la fois de la profonde unité de l'homme et de l'irréductible multiplicité de ses manifestations. Il l'a fait en subsumant cette diversité sous des axes généraux dont la trajectoire évolutive était strictement parallèle. Mais c'était implicitement remettre en cause l'idée darwinienne d'une évolution buissonnante du vivant due aux seuls aléas du milieu, et lui substituer l'idée d'une convergence – ces évolutions parallèles se résolvent toutes dans des étapes et un but formellement identiques qui rappellent d'ailleurs de façon troublante le point « oméga » de la philosophie teilhardienne[83]. Mais il enfermait alors la

81 Cf. supra, III, 4.

82 A. LEROI-GOURHAN, *o.c.*, II, 1973, p. 437.

83 Pierre Teilhard de Chardin (1881-1955) est l'un des rares auteurs à avoir été mentionnés plusieurs fois par Leroi-Gourhan. On y retrouve l'idée d'une évolution convergente du vivant, par sa progressive complexification vers les formes supérieures de la pensée (P. TEILHARD DE CHARDIN, *Le phénomène humain*, Paris, 1955 ; id., *La place de l'homme dans la nature*, Paris, 1964).

contingence apparente dans une nécessité d'ensemble et ne pouvait que retrouver ainsi l'idée lamarckienne d'un « plan d'organisation », et avec elle le déterminisme finaliste qui en constitue le schème directeur.

Mais alors que pour Lamarck le « plan d'organisation » trouve logiquement sa place à la suite de « l'Auteur suprême » qui en a déterminé les règles, la volonté qu'a Leroi-Gourhan de construire un système sous l'égide du factuel lui interdit de poser le dieu qui le sauverait, et ce plan d'organisation reste dès lors sans organisateur.

Ici se profile une aporie au niveau épistémologique. Tout le système de Leroi-Gourhan est marqué par une volonté **finalisante** dont la traduction concrète se marque par la progressive apparition de la conscience lucide au sein du vivant ; or, cette dimension finalisante se résout dans une absence de **finalité** : seule est mise en évidence cette tension – la tendance – sans que soit révélé le moteur qui en constitue la source.

L'agent finalisant – la tendance –, qui rappelle, du reste, le concept d'élan vital chez Bergson[84], appartient au lexique philosophique, comme Leroi-Gourhan le reconnaît du reste lui-même[85], et comme tel, ce terme se devrait d'être garanti par un appareil conceptuel qui en assurerait la pertinence. Mais l'auteur s'en garde bien : le factuel peut seul permettre l'induction d'une théorie … Pourtant, Leroi-Gourhan sent bien la précarité de sa position et il admet lui-même : *il est évident que le recours aux seuls éléments philosophiques conduisaient forcément à une construction artificielle, mais lorsque ces pages ont été écrites, la biologie génétique et l'informatique ne s'offraient guère aux besoins de l'ethnologie*[86], ce qui, bien entendu, ne justifie rien, mais trahit sa gêne vis-à-vis d'une situation pour le moins inconfortable. Car si l'on y réfléchit, ce système, qui devait se mesurer à l'aune des exigences scientifiques, est sous-tendu par un concept philosophique finaliste, dont il refuse le statut, et appelle un telos onto-théologique sans cependant en assumer les conséquences. Epistémologiquement, cette ambiguïté le met

---

84 Pour Henri Bergson (*L'évolution créatrice*, Paris, 1907), il y a un élan de vie ayant une exigence de création et permettant à la conscience, qui est à l'origine de la vie, de s'incarner dans des formes de vie de plus en plus perfectionnées, le point d'aboutissement étant l'homme. L'idée d'ensemble – bien que des différences séparent les deux philosophes – évoque Teilhard de Chardin. Voir pour la confrontation de ces deux auteurs : M. BARTHÉLÉMY-MADAULE, *Bergson et Teilhard de Chardin*, Paris, 1963.

85 A. LEROI-GOURHAN, *o.c.*, II, 1973, p. 336.

86 A. LEROI-GOURHAN, *o.c.*, II, 1973, p. 397.

dans une position aporétique. Discours scientifiques, philosophiques et théologiques ont chacun leur spécificité et leur niveau de pertinence et ne sauraient se mélanger : on ne fabrique pas plus une théorie scientifique avec une page de la Bible qu'un système philosophique avec une liste des os humains.

Partie IV

L'INTERPRÉTATION DU SOCIAL CHEZ LEROI-GOURHAN

1 REMARQUES PRÉLIMINAIRES

Après avoir examiné le cœur même du système élaboré par Leroi-Gourhan, il nous faut à présent en passer par l'analyse de ses organes périphériques. Le social, à cet égard, mérite le droit de priorité par le fait qu'il est un concept aussi intimement lié à l'homme que l'ombre l'est à son objet : il n'est rien d'humain qui ne soit simultanément social. Mais le terme « social » appelle une précision préalable, car il est frappé, dans les textes de Leroi-Gourhan, d'une ambiguïté. L'auteur en parle, en effet, tantôt dans un contexte qui souligne le fait que le social touche le vivant dans son ensemble[1], tantôt dans le sens où le social est un critère spécifiquement humain[2]. En fait, cette ambiguïté peut être aisément levée si l'on veut bien se souvenir que la vision d'ensemble fournie par l'auteur est à la fois celle d'un paléontologue et celle d'un ethnologue.

Comme paléontologue, Leroi-Gourhan découvre dans le social une valeur biologique fondamentale : tout être vivant a nécessairement une vie sociale, fût-ce pour assurer la continuation de son espèce. Comme ethnologue, au contraire, l'auteur se rend à l'évidence de ce que l'être humain a en propre une dimension sociale – il utilise aussi dans ce cas le terme « culturel » – qui le caractérise.

Et nous ne serons donc pas étonnés de constater que sa lecture de l'homme social sera double. Pris dans le réseau du vivant, l'homme sera appréhendé comme **être naturel** ; mais comme animal entièrement humanisé, il sera considéré comme **être culturel**. Mais lorsque l'auteur tente d'analyser la

---

1 Voir par exemple A. Leroi-Gourhan, *o.c.*, I, 1964, pp. 213 sq.

2 Voir par exemple A. Leroi-Gourhan, *o.c.*, II, 1965, pp. 22 sq.

façon dont les valeurs naturelles et culturelles s'articulent entre elles, une nouvelle ambiguïté surgit. Alors que dans un premier temps Leroi-Gourhan nous présente un culturel qui chapeaute, en l'enveloppant, le naturel[3] et qui donc s'articule hiérarchiquement par rapport au naturel, il nous le montre ensuite comme issue libératoire du naturel.

Il n'y a pourtant pas forcément contradiction entre les deux positions, si l'on veut bien se souvenir du double point de vue à partir duquel l'auteur se place. En effet, à considérer cette apparente ambiguïté comme une élucidation de l'articulation « naturel-culturel » présentée tantôt de façon diachronique, tantôt de façon synchronique, le problème disparaît. C'est pourquoi mon analyse du social chez Leroi-Gourhan comprendra deux volets : le premier s'attachera d'abord au statut que revêt le social au fil de l'évolution humaine, le second proposera une analyse de la façon dont nature et culture se trouvent articulées au sein de notre humanité.

1.1 La société comme être vivant autonome

La socialité est donc, selon Leroi-Gourhan, un caractère fondamental et nécessaire de l'humanité et, à ce titre, elle participe de la nature humaine. *Portés par nature, à vivre en société, les hommes trouvent dans des groupes … l'équilibre qui leur permet d'agir efficacement sur le milieu qui les environne*[4]. Ces groupes forment un tissu organique au sein duquel s'instaure un réseau d'échanges. Chaque ethnie est une entité fortement individualisée : elle possède son autonomie, ses us et coutumes, sa langue ; bref, elle a en propre un patrimoine qui l'isole culturellement des autres ethnies. C'est la raison pour laquelle Leroi-Gourhan peut avancer que *le groupe ethnique, la « nation » remplace l'espèce* [I, 260]. Elle la remplace au sens où la mémoire génétique est littéralement sortie de l'homme pour s'instituer en mémoire sociale. Cependant, Leroi-Gourhan ne voit pas dans cette idée une simple comparaison dont la valeur serait avant tout illustrative, mais une conception à prendre au pied de la lettre, avec ceci comme conséquence essentielle que l'extériorisation du patrimoine phylétique, son incarnation dans une mémoire ethnique, a déplacé une partie de la substance vitale de l'individu au niveau du groupe : *le groupe humain est matière vivante* [I, 209] ; il lie organiquement les hommes entre eux et les réunit dans un réseau de relations

3 Pour les détails, cf. infra, IV.2.

4 A. Leroi-Gourhan, *Evolution et techniques*, II, Paris, 1973, p. 435.

fonctionnelles qui donnent à chaque élément humain sa place active au sein de l'organisme social.

Leroi-Gourhan nous propose ici une lecture vitaliste du social. Il assimile la société à un super-organisme humain qui, comme tel, est investi de toutes les caractéristiques du vivant : *comme un organisme vivant, le dispositif social possède une tête où s'élabore l'idéologie du groupe, des bras qui lui forgent ses moyens d'action et un vaste système d'acquisition et de consommation qui satisfait à l'entretien et à la croissance du groupe* [I, 250].

Possibilité d'agir sur le monde extérieur ; possibilité d'organiser son action ; possibilité de se nourrir, de croître et de se reproduire : les critères biologiques fondamentaux du vivant sont présents.

Mais la seule présence d'éléments du vivant est insuffisante pour introduire la vie au sein d'un organisme. Encore faut-il y inclure les types de relations qui les unissent : l'étude du vivant est, en définitive, l'étude des modes d'organisation, et c'est bien de cela qu'il va s'agir dans les textes de Leroi-Gourhan. On peut, en fait, discerner plusieurs niveaux d'organisation dont l'analyse, pour être valable, doit prendre en charge la dimension temporelle, car l'organisme social, comme tout organisme, suit nécessairement les lois de l'évolution.

Le premier degré d'organisation du groupe social humain se situe au niveau du **groupe conjugal**. Homme et femme entretiennent, en effet, des rapports techno-économiques complémentaires qui les unissent en une **cellule** élémentaire irréductible. Un second niveau d'organisation est offert par le **groupe primitif** formé par l'association de quelques groupes conjugaux, et dont *le premier caractère est de posséder une connaissance complète des pratiques de nature vitale et d'être techniquement polyvalent* [I, 216]. Le groupe primitif forme donc une « unité de subsistance » qui conserve le fonds culturel de cette parcelle sociale. Quoiqu'autonome, le groupe social n'est cependant pas pensable isolément et un troisième niveau d'organisation se marque *dans un dispositif plus large, constitué par plusieurs autres groupes avec lesquels il entretient des échanges sur plusieurs plans et en particulier sur le plan matrimonial* [I, 218]. Ce dispositif constitue ce que l'on nomme une ethnie, c'est-à-dire une entité possédant en propre ses techniques, sa langue, ses mythes, ses traditions ; une entité culturelle possédant sa propre explication du cosmos – et du chaos – et sa propre vision du monde. Cet état de choses a dû exister dès les lointaines origines de l'homme, mais intégré dans un dispositif forcément élémentaire, et il s'est progressivement complexifié.

Mais vers le IXe millénaire, une véritable **mutation** bouleverse les modalités d'une organisation que le groupe humain avait vue s'épanouir au fil des quelque cinq millions d'années pendant lesquelles s'est écoulé le Paléolithique, et laisse la place à un système organique renouvelé. A ce moment, le groupe se sédentarise. Les fouilles révèlent des cellules d'habitation regroupées, des parcs pour le bétail et des silos à grains qui assurent au groupe sa subsistance. Ensuite, la mise en place de structures protectrices lui garantissent un isolement défensif. La mutation est alors complètement opérée, et cette nouvelle organisation peut évoluer à son tour vers des formes de plus en plus complexes aboutissant aux dispositifs qui caractérisent l'Age des Métaux : *le passage du Néolithique ... à l'Age des Métaux coïncide avec le développement d'un dispositif territorial qui en est la conséquence progressive, la « civilisation » au sens strict, c'est-à-dire l'intervention de la cité dans le fonctionnement de l'organisme ethnique* [I, 241-242]. Ce qui va en sortir – nous sommes au IIe millénaire avant notre ère – c'est la **ville** avec son noyau central qui conserve les réserves alimentaires et le trésor, entourée par une enceinte défensive. Elle est gouvernée par un roi assisté par le clergé qui prescrit les rituels et redistribue les réserves, et est protégée par une classe militaire. En outre, elle abrite des artisans regroupés en classes sociales – véritables organes de transformation – qui assurent la fabrication de produits finis. Enfin, elle puise ses ressources alimentaires au sein d'une classe paysanne qui séjourne dans les campagnes périphériques et vit en symbiose avec l'organe central (tableau I, p. 26).

On le voit, à travers ce parcours qu'il fallait rappeler brièvement, l'organisme social, pour Leroi-Gourhan, reçoit tous les caractères du vivant : cellules organisées assemblées en organes distincts assurant les différentes fonctions vitales – respiration, nutrition, digestion, excrétion, reproduction – et entretenant entre eux des relations permettant un fonctionnement unitairement cohérent. Enfin, comme tout organisme vivant, le groupe social est soumis aux lois de l'évolution : il résulte d'une forme élémentaire sur laquelle se greffent les progrès qui en complexifient les niveaux d'organisation, de manière à en optimaliser chaque fois davantage le fonctionnement.

Il n'y a rien ici qui puisse nous surprendre ; cette interprétation organiciste trouve son origine logique dans un schéma d'ensemble cohérent qui en justifie la validité. *Le dispositif social doit sa constitution en macro-organismes aux mêmes sources que toutes les sociétés vivantes* [I, 243].

Mais ce « super-être » social, empli de souffle vital, n'est pas soumis aux hommes dont il est pourtant issu. Par un curieux retournement, en effet, les hommes, dont la tendance évolutive était de s'extérioriser, se retrouvent être des éléments parcellaires d'un être social possédant sa propre tendance évolutive. *Pour la société, comme consommatrice d'individus en vue de son progrès, des hommes strictement interchangeables seraient certainement un profit* [II, 30], avec comme conséquence inattendue que l'homme devient inessentiel en tant qu'individu et se voit dès lors cantonné au rôle subalterne d'organe, *utile comme le cervelet ou le rhinencéphale, comme le pied et la main, mais laissé à l'arrière-plan* [II, 58].

Les textes de Leroi-Gourhan se colorent alors de tonalités étrangement schopenhaueriennes. La société, détentrice de sa propre puissance de vie, se sert finalement des hommes pour servir son développement. *Seule la société profite pleinement du progrès* [II, 58]. L'être humain perd lui-même toute son individualité pourtant constitutive de son état d'homme ; il doit s'effacer au profit d'une force évolutive qui évoque de près le vouloir-vivre schopenhauerien, qui le surplombe et à l'affirmation de laquelle il ne peut que souscrire s'il veut vivre. Bref, il n'est plus que l'*infrastructure d'une humanité à laquelle « l'évolution » s'intéresserait plus qu'à l'homme* [II, 58].

1.2 La libération des contraintes, une liberté astreignante

Cette interprétation est le lieu d'un curieux paradoxe dont il nous faut essayer de comprendre de quelle genèse il est l'aboutissement. Paradoxe il y a, puisque Leroi-Gourhan nous assure d'abord que, l'homme étant *libre de créer lui-même ses situations ... les sociétés humaines ne courront jamais le risque de s'enfermer dans un comportement comparable à celui des insectes* [II, 23], et qu'il se trouve, au bout du compte, comme on vient de le voir, en opposition flagrante par rapport à son point de départ. En réalité, celui-ci contient lui-même le germe du problème, car ce qui devrait assurer à l'homme la garantie d'une position confortable est la liberté. L'homme n'a, en effet, pas à s'inquiéter d'un système dans lequel il aurait été prédéterminé, car précisément le caractère de l'homme est d'avoir perdu toute prédétermination, ou plus exactement, comme le montre lui-même Leroi-Gourhan, d'avoir gagné, dans sa longue histoire biologique qui commence avec un poisson de l'Ere Primaire, l'acquisition d'un cerveau qui a *évolué de telle sorte qu'il reste apte à tout penser et qu'il naisse pratiquement vide* [II, 24]. Et cette liberté, nous le savons, résulte d'un progressif affranchissement de l'être humain. Toute son histoire trahit, en effet, une seule clef programmatique que définit le terme « libération ». La libération par rapport au milieu donne un animal bipède qui, grâce à la libération des contraintes musculaires s'exerçant sur la boîte crânienne, peut acquérir une intelligence humaine ; la libération des contraintes, imposée par une technique qui s'extériorise et finit par agir à la place de l'homme ; la libération d'une pensée qui se fait langage, puis écriture, et s'extériorise enfin dans l'audio-visuel ; la libération de la charge d'une mémoire individuelle qui s'extériorise et trouve à s'incarner dans une mémoire sociale ; et enfin, la libération du temps dans les sociétés agricoles grâce aux progrès techniques, qui instaure une classe d'artisans dont on connaît l'importance sociale pour Leroi-Gourhan[5].

Or, toutes ces étapes libératoires, qui devraient permettre de comprendre la liberté toujours sous-jacente à tout acte humain, servent, non plus au progrès de l'homme comme individu, mais à celui de l'organisme social, délestant finalement l'homme de son individualité. C'est dire que l'organisme social évolue non plus pour les hommes, mais par les hommes, en se servant d'eux. Cette situation est toutefois périlleuse pour l'être social, car désindividualiser l'homme c'est aussi le déshumaniser, et il s'agira donc, selon Leroi-Gourhan, *de maintenir l'homme dans une situation suffisamment « sapienne » pour éviter une déshumanisation qui deviendrait préjudiciable au rendement de la machine sociale* [II, 200]. Mais quoi qu'il en soit, l'auteur est mal pris avec cet être qui attente au devenir de ceux mêmes qui lui ont donné la vie. Il y a ici une contradiction qu'il nous faut essayer de comprendre.

Cette contradiction est-elle le fruit d'une inconséquence de la part de Leroi-Gourhan, ou est-elle, tout au contraire, le résultat d'une logique rigoureuse qui l'amène, malgré lui, au delà de la position qu'il voulait défendre ? En fait, le résultat contradictoire est ici la conséquence logique d'un point de vue qui veut garder sa cohérence jusqu'au terme de ses limites. Leroi-Gourhan veut arriver à rendre compte de la liberté ; elle est incontournable puisqu'elle se trouve à la base de toute décision humaine. Or, la liberté, comme n'importe quelle caractéristique humaine, doit trouver son explication dans le cadre de la biologie et elle sera définie comme un dégagement de l'être des contraintes imposées par ce qui l'entoure. Tout se passe, en effet, comme si la tendance évolutive du vivant était de se délester d'une matière qui l'alourdit, en vue de s'affirmer comme pur esprit. *L'augmentation, la « complexification » du dispositif cérébral est l'exact reflet des progrès constants de la matière vivante dans sa recherche du contact conscient* [I, 86]. Mais entraînée dans une aventure qui la libère inéluctablement de toutes les contraintes, l'humanité se retrouve, à chaque étape de son devenir, de plus

5 *La civilisation repose sur l'artisan* [I, 242].

en plus désincarnée. L'esprit n'a guère besoin de sa gangue de matière, et Leroi-Gourhan constate qu'il est à craindre que *dans mille ans l'**Homo sapiens**, ayant fini de s'extérioriser, se trouve embarrassé par cette appareil ostéo-musculaire désuet, hérité du Paléolithique* [II, 52]. S'en débarrasser définitivement semble bien, pour Leroi-Gourhan, la seule solution qui s'offre à l'homme qui se verrait alors enfin libéré de la seule gangue qui l'attache encore à la matière, mais à quel prix ! Voilà une liberté lourde à porter, puisqu'elle exige de l'homme qu'il lui paie de sa propre personne, en lui abandonnant l'intégralité de son être.

1.3 La première aporie sociale

Leroi-Gourhan a montré que toutes les évolutions parallèles touchant les manifestations humaines ont convergé vers une progressive extériorisation : extériorisation de la mémoire génétique, de l'outil et du geste, du langage ... Et cette extériorisation a abouti, selon l'auteur, à un déplacement de substances vitales. En s'extériorisant, l'homme s'est progressivement vidé d'une partie de son humanité qui a trouvé à s'incarner dans un organisme social. Mais ce super-être social tient son être de la conscience des êtres humains.

Or, par un coup de force réifiant, voilà que cette créature de l'homme, emplie par une volonté d'autonomie, en vient à se retourner contre son propre créateur. Vidé de son humanité, l'homme ne sera plus, aujourd'hui ou demain, qu'un élément dont le rôle sera d'apporter anonymement sa parcelle de vie et ses services à la grande machine organique. Tout se passe, en effet, comme si l'humanité de l'homme ne pouvait trouver sa pleine réalisation que transplantée dans un organisme supra-humain, dans lequel l'homme vivrait à la fois son apothéose et son apocalypse. Car le terme de cette évolution est aussi nécessairement déterminé que les étapes de son devenir : l'ultime libération sera celle qui le touchera lui-même, signant, en même temps que son absolue liberté, sa définitive condamnation.

Leroi-Gourhan se retrouve donc avec une vision du social inévitablement aporétique. Si la tendance du vivant est que la matière se fasse esprit, l'homme lui-même ne peut que se désincarner progressivement. Il se transloque dans un corps social qui le représente, mais qui simultanément, dans sa prétention ambitieuse à l'autonomie, détruit précisément la source même de son existence et annihile la possibilité de son propre devenir.

On comprend alors la raison du ton systématiquement tragique qui accompagne les considérations de Leroi-Gourhan concernant l'avenir de l'homme et que ne justifierait pas une vision strictement évolutionniste. L'évolution a mis en œuvre un plan grandiose dans lequel le pur non-être – la matière inanimée – laisse advenir de l'être sous différentes formes – les formes vivantes. Tous ces étants auraient comme dénominateur commun le pur être – l'esprit – qui devrait s'affirmer dans sa complète transparence au terme d'une histoire dont le résultat stupéfie quand on le compare à l'importance des moyens mis en œuvre : l'absurde extinction d'un être qui, privé de son support, se voit réduit à retourner au non-être.

2 LE SOCIAL ET LE CULTUREL

2.1 Un manteau de culture sur un corps de nature

Nous avons vu jusqu'à présent ce qu'il en était de l'interprétation diachronique du social chez Leroi-Gourhan. Nous avons établi, à ce propos, que la marche évolutive du vivant tendait à le conduire vers une libération progressive au fil de laquelle la matière tendait à se faire esprit. Il nous faut à présent examiner comment s'effectue la relation synchronique entre social et culturel.

En réalité, pour Leroi-Gourhan l'homme est, avant toute chose, un animal, c'est-à-dire un être vivant doté d'une certaine organisation et se trouvant confronté à un milieu extérieur qui le conditionne dans sa vie et le limite dans ses possibilités. C'est sur ces bases incontournables que l'auteur peut avancer les points de départ d'une analyse du social chez l'homme. Fidèle à sa démarche générale, ce n'est donc pas du haut que part Leroi-Gourhan – le sommet ne présentant que le résultat – mais du bas : le social s'inscrit, en effet, comme une option biologique. *Le fait social apparaîtrait comme un fait biologique général, mais totalement humanisé* [I, 211].

C'est dire que l'homme est d'abord, par son enracinement dans l'animalité, pris dans un réseau de contraintes appartenant au milieu naturel – à cette partie de l'homme qui est proprement animale – et au milieu extérieur, qui détermine sa socialité avant que celle-ci ne soit humanisée – c'est-à-dire culturalisée. Leroi-Gourhan va donc s'attacher à mettre en évidence les facteurs constituants du social. Sa démonstration ne va toutefois pas sans problème, car une double confusion, qu'il va d'abord falloir lever, est faite par l'auteur lorsqu'il essaie d'établir qu'à une certaine quantité de nourriture disponible sur un territoire donné correspond un certain type de relation sociale. Dans un premier temps, l'auteur avance que *la densité alimentaire intervient comme un facteur immédiatement limitatif du nombre des consommateurs* [I, 214]. En effet, une superficie donnée fournit une certaine quantité de nourriture susceptible de satisfaire une population déterminée. Mais un problème surgit au moment où l'auteur, fort de ce principe, estime pouvoir conclure que *la trame des relations est par conséquent, à l'origine, étroitement contrôlée par le rapport territoire-nourriture* [I, 214]. Or, cette conclusion n'est pas recevable, car elle souffre d'une double confusion : d'une part entre un fait d'ordre structurel, un fait ayant trait à l'organisation interne (la trame), bref un élément d'ordre qualitatif et un fait d'ordre quantitatif, et d'autre part entre socialité et groupement de personnes. Il veut, en effet, montrer la force déterminante des milieux dans la formation du social et établit en fait une relation qui lie quantité de nourriture et nombre de gens entretenus – en présupposant donc le social au lieu de l'établir.

Que l'humanisation du social se construise au départ d'une nature qui en détermine la possibilité, cela apparaît clairement dans la nécessaire formation d'un groupe conjugal qui a pour but de satisfaire aux exigences nutritives mixtes de l'être humain. L'agressivité qui caractérise les mâles dans le monde animal, ainsi que la moindre mobilité des femelles conduisent nécessairement les premiers vers la chasse et les secondes vers la cueillette. C'est dire que l'édifice social devra se penser au départ d'une métaphysique bâtie tout entière sur l'idée première d'un élément fondamental et irréductible : le couple humain. Le groupe conjugal est, en effet, selon le mot même de Leroi-Gourhan, un **impératif biologique**. Le social est donc, selon lui, interprété en termes de nature, et comme tel il reçoit un caractère **universel** et **nécessaire** puisqu'il touche tous les Anthropiens. C'est à ce niveau que Leroi-Gourhan opère une distinction entre social et culturel. Ce qui relève des modes d'organisation qui président aux groupements humains appartient au social et doit s'étudier, on l'a vu, à la lumière de la biologie ; cela ressortit à la nature. L'étude du système humain social l'a bien mis en lumière : *le phénomène fondamental est bien un phénomène général, qui n'est particulier à l'homme que par le caractère exceptionnel de son alimentation* [I, 215].

A l'inverse, la dimension culturelle signe, pour Leroi-Gourhan, la valeur proprement humaine du social. Elle atteste donc, pour le dire autrement, de la culturalisation du donné naturel. Ainsi, *l'humanisation de cet impératif biologique* [qu'est le groupe conjugal] *réside dans les modalités socio-religieuses qui en découlent pour chaque groupe humain* [I, 215]. Et le culturel, on s'en rend compte, est, au contraire du social, caractérisé par sa valeur **contingente** et **particulière**. Cette distinction nous rappelle la césure qui sépare en deux l'humanité elle-même : en tant qu'ils sont humains, les Australanthropes ont nécessairement un comportement social qui est la signature de cette « humanité zoologique », tandis qu'il faut attendre le déverrouillage préfrontal chez les derniers Paléanthropiens pour voir apparaître des marques d'appartenance culturelle qui distinguent les hommes en ethnies. L'existence de vastes aires sur lesquelles se trouvent des choppers, des bifaces de différents types ou des hachereaux ne sont en effet pas, pour Leroi-Gourhan, la marque de manifestations culturelles, puisque ces stéréotypes résultent de la seule nécessité zoologique.

Ce dialogue nature/culture se retrouve dans la distinction entre instinct et intelligence, ou encore entre instinct et liberté. Leroi-Gourhan nous rappelle, en effet, qu'une grande partie des manifestations opératoires de l'homme se déroule sur la base d'un fonds instinctif important qui constitue donc, en quelque sorte, **l'infrastructure naturelle qui sous-tend une liberté** dans le choix des chaînes opératoires autorisées par la **conscience lucide**, qui constituerait, quant à elle, la **superstructure culturelle qui viendrait habiller cette infrastructure fondamentale**.

Il s'agit donc de s'attacher, maintenant, à préciser la façon dont Leroi-Gourhan envisage le tissu de relations qui relie nature et culture au sein de notre humanité dont la présence est établie depuis le début du Paléolithique supérieur (± 30.000 avant notre ère). Et cette approche, Leroi-Gourhan la tente par le biais de son analyse de l'esthétique[6]. Il va s'agir, à ce niveau, *de rechercher, dans toute l'épaisseur des perceptions, comment se constitue dans le temps et dans l'espace un* ***code des émotions*** *qui assure au sujet ethnique le plus clair de l'insertion affective dans sa société* [II, 82 – moi qui souligne].

En fait, l'esthétique chez l'homme s'enracine dans un fonds constitué par notre physiologie et par les rapports divers que nous entretenons avec les autres individus de notre espèce. Bref, l'esthétique repose sur une base naturelle et trouve sa constitution humaine par sa traduction en termes de valeur. *Lorsqu'on dépouille les traits culturels les plus divers de leur auréole de valeurs, il ne reste plus que des caractères impersonnels, déculturés, interchangeables* [II, 83].

L'humanisation des sensations physiologiques – les sentiments de confort ou d'inconfort, par exemple – se réalise donc par leur valorisation.

6 Cf. supra, II, 8.

Chargées d'une valeur qui les définit culturellement, la sensibilité musculaire et viscérale, la sensibilité dermique, olfactive, gustative, auditive et visuelle adviennent à l'humanisation. Mais en amont de cet appareil perceptif complexe coexistent chez tous les êtres vivants, à des niveaux divers, trois plans – comportement nutritif, affectivité physique, intégration spatiale – qui *correspondent à trois niveaux de référence des individus entre eux et avec leur milieu* [II, 96] et qui forment proprement la base naturelle dont l'appareil perceptif rendra compte en termes de manque ou de plénitude. C'est dire que cette base naturelle reste omniprésente. Il serait donc inexact de considérer un niveau radical qui représenterait l'état de nature et qui se prolongerait, tout en s'en séparant, vers un niveau sommital qui serait l'état de culture ; le naturel est omniprésent et déterminant, puisqu'il plonge ses racines dans un sol dont l'individu doit nécessairement accepter les impératifs. Et pourtant, pour déterminantes qu'elles soient, ces valeurs naturelles ne peuvent suffire dans le cadre humain. Elles ne peuvent, en effet, trouver leur **expression** que dans le cadre d'un horizon culturel. Libéré par sa longue histoire d'un vécu entièrement déterminant, *Homo sapiens* s'est vu octroyer une liberté entière. Mais cette liberté de décision, on l'a vu, n'est pas possible sans la conscience lucide, elle-même liée étroitement au **langage**. *La liberté de comportement n'est en effet réalisable qu'au niveau des symboles, non au niveau des actes et la représentation symbolique des actes est indissociable de leur confrontation* [II, 20-21]. Le symbolique va donc recevoir le rôle capital de médiateur : l'ordre naturel est infra-symbolique et comme tel « inassimilable » au niveau humain. Il est un sol, mais purement chaotique, et ne peut trouver son expression qu'au travers du symbolique qui l'**ordonne** et le **stabilise**. *La vie des groupes humains ne peut affronter la substitution de l'ordre ethnique à l'ordre génétique que sous le couvert d'un temps, d'un espace et d'une société entièrement symboliques,* ***interposés comme le rivage d'une île entre la stabilité nécessaire et le mouvement anarchique du monde naturel*** [II, 138 – moi qui souligne]. Et le symbolique va donc rendre les valeurs naturelles exprimables ; mais dès lors qu'elles sont exprimées, elles sont entièrement culturelles.

2.2 Le temps et l'espace comme formes pures de l'expérience humaine

Force indomptée, « sauvage », la valeur naturelle est donc le fondement qui pénètre le tout de l'homme. Mais en tant qu'elle est exprimée humainement, cette valeur est toujours déjà culturelle. Cette expression ne peut cependant trouver sa pleine réalisation qu'après avoir été mise en forme. Et cette formalisation constitutive sera possible grâce au temps et à l'espace qui seront les conditions de possibilité de l'expérience humaine.

L'archéologie montre, en effet, comment, dès le Paléolithique supérieur et à travers toute la préhistoire, on assiste à la « domestication » d'un temps et d'un espace qui assurent à l'homme son insertion dans le monde[7]. Toute la structure du monde – celui dans lequel l'être humain est plongé – va pouvoir s'établir par l'intégration symbolique des rythmes naturels (des jours et des nuits, des saisons, des distances de marche par exemple) sous forme de calendriers, de mesures du temps *qui font du temps et de l'espace humanisés la scène sur laquelle le jeu de la nature est commandé par l'homme* [II, 142]. Car si la nature commande l'être vivant, une fois culturalisé, c'est l'être humain qui commande symboliquement la nature.

Le temps est imposé par des phénomènes réguliers du monde naturel, comme l'alternance des jours et des nuits ou les battements du cœur, et qui *donnent à la notion de temps la priorité sur celle d'espace* [II, 144]. Pourtant, temps et espace ne sont pas, dans l'esprit de Leroi-Gourhan, des formes séparées qui commanderaient chacune leur partie de réalité humaine, qui appelleraient isolément l'appréhension d'un secteur d'expérience distinct, ils s'articulent au contraire en un organe unitaire – le rythme – que seule l'analyse permet de séparer : *s'il est possible de parler de temps, au plan ethnologique, c'est par simple abstraction, comme de l'un des deux pôles du rythme* [II, 142]. L'un est présent en tant que l'autre y est nécessairement toujours simultanément impliqué – *le temps socialisé implique un espace humanisé, intégralement symbolique* [II, 147] – et l'on pourrait dire, sans trahir la pensée de Leroi-Gourhan, qu'ils s'articulent en chiasme en rythmes spatio-temporels assurant au monde son humanisation. Il faut ici s'arrêter un instant, afin d'examiner la portée des conclusions auxquelles nous sommes arrivés.

Dire que les rythmes spatio-temporels assurent l'humanisation du monde, c'est dire que le monde n'est appréhendé comme tel qu'en tant qu'il est humanisé. Le monde ne trouve donc sa valeur de monde qu'en tant qu'il est transi de culturel. Mais cela signifie que le monde est chargé d'une valeur humaine pour les êtres d'une même culture qui se trouvent du même coup appartenir – et cette inclusion de l'autre de mon groupe est tout à la fois exclusion de l'autre d'un autre groupe – à tous ceux qui sont plongés dans le

7 Cf. supra, II, 8.2.3.

même monde que le mien, c'est-à-dire à tous ceux qui « voient » le monde comme moi. Bien entendu, Leroi-Gourhan ne va pas aussi loin, et surtout il ne formule pas ces idées de la même manière. Mais cela importe peu, car ces conclusions, comme on vient de le voir, sont l'aboutissement logique d'un chemin dont il a balisé le parcours, et qui retrouve, mais sur la base d'une démarche exactement inverse, – lui en partant du « bas », les philosophes en partant du « haut » – à la fois la double structure constituante du temps et de l'espace si chère aux kantiens et le concept « d'être-au-monde » si précieux à la phénoménologie aujourd'hui[8].

2.3 L'être-au-monde

Il nous faut donc, dans la ligne de notre investigation qui porte sur l'articulation de la nature et de la culture chez Leroi-Gourhan, essayer à présent de cerner un peu davantage cette notion « d'être-au-monde ».

En réalité, les êtres humains sont pris dans un réseau étroit qui les conditionne à agir d'une certaine manière, à effectuer certains gestes dans certaines circonstances, à se comporter vis-à-vis des autres d'une façon précise. Bref, les êtres humains sont soumis à un réseau de prescriptions soigneusement codées. Ces prescriptions sont essentielles, car elles donnent à l'homme sa place dans un monde ou, si l'on préfère, elles l'inscrivent dans un groupe ethnique. Et cette appartenance est un caractère intrinsèque de l'humanité, car *les êtres ne sont humainement signifiants qu'à travers le comportement propre à leur groupe* [II, 11]. L'homme s'inscrit entièrement dans un réseau social qui s'exprime à travers la parure, le langage, les attitudes et le décor social, et qui charge d'emblée l'individu, non seulement pour lui-même mais aussi pour les autres, d'un certain sens. *L'homme n'est homme que dans la mesure où il l'est parmi d'autres et revêtu des symboles de sa raison d'être* [II, 138].

Mais le système des relations inter-individuelles n'est pas seul à être pris dans un réseau de prescriptions symboliques qui le leste d'un sens, le monde environnant lui-même est soumis à un décodage symbolique trouvant son origine et sa spécificité dans l'ethnie à laquelle l'individu appartient. Et les objets du monde inanimé sont donc eux-mêmes intégrés dans un dispositif

8 Voir pour ce concept, tel que la phénoménologie l'a développé, R. LEGROS, *L'idée d'humanité. Introduction à la phénoménologie*, Paris, 1990, pp. 197 sq.

symbolique qui leur donne un certain sens. *L'organisation de l'espace habité ... est ... l'expression symbolique d'un comportement globalement humain* [II, 150]. Le monde ne se donne donc pas d'entrée de jeu, il est préalablement soumis à une « superstructure symbolique » qui le culturalise et grâce à laquelle il pourra être assimilé par l'homme, c'est-à-dire intégré dans un dispositif humain.

Cette conclusion doit toutefois retenir notre attention, car si le monde – animé et inanimé – est totalement soumis à un dispositif symbolique, et est donc totalement culturalisé, la question se pose de savoir comment Leroi-Gourhan peut maintenir l'existence simultanée d'un milieu extérieur pur de toute marque humaine. Car c'est bien la situation dans laquelle on se trouve ; on sait, en effet, que la conjoncture de l'homme se joue à la frontière d'un milieu intérieur qui condense l'acquis du patrimoine culturel, et d'un milieu extérieur matérialisé entre autres par le contexte géologique, climatique, végétal et animal dans lequel l'homme se trouve serti. Or, ce milieu extérieur, qu'il faut entendre comme *milieu naturel*[9], s'offre en quelque sorte comme un bloc massif, compact et lisse, comme un élément statique qui impose à l'homme sa présence de façon contraignante, et semble se comporter, dans l'esprit de Leroi-Gourhan, comme un invariant universel qui résiste à l'homme : *le milieu extérieur se comporte comme un corps absolument inerte contre lequel la tendance vient se briser*[10].

Tout est donc passé au filtre du culturel, sauf la « matière brute » du monde environnant, qui apparaît dès lors comme un iceberg de nature flottant au milieu d'un océan de culture. Et l'opposition nature/culture, dont nous tentons ici l'analyse, rebondit à nouveau dans les termes d'une opposition entre milieu extérieur, qui serait comme un noyau dur de matière brute, et monde humanisé, déterminé symboliquement et donc soumis nécessairement à la tutelle du culturel, avec ceci de nouveau que les termes de ce couple sont en contradiction.

Comment, en effet, imaginer que puisse résister à la nécessaire culturalisation d'un monde naturel qui ne serait autrement que chaos, un noyau de nature virginal que n'aurait pas altéré – il faudrait dire que ne saurait altérer – l'esprit humain ? Si le monde, comme nous l'avons vu, ne trouve sa valeur de monde qu'en tant qu'il est transi de culturel, l'homme, en tant qu'il trouve sa place dans une culture, ne saurait se trouver en présence d'une

9 A. LEROI-GOURHAN, *Evolution et techniques*, II, Paris, 1973, p. 334.
10 A. LEROI-GOURHAN, *o.c.*, II, 1973, p. 339.

nature vierge de toute empreinte. Toujours déjà intégré dans un monde ambiant pénétré de sens, l'individu ne saurait appréhender d'abord une sensation pure qu'il devrait ensuite traduire en une certaine chose.

Comme Heidegger s'est attaché à le montrer, *nous sommes beaucoup plus proches des choses (Dinge) mêmes que des sensations*[11]. Il y est revenu à plusieurs reprises et a montré, par exemple, que ce que nous entendons est d'emblée une motocyclette ou une voiture[12] ou une porte qui claque[13] et non pas une impression auditive pure. De la même manière, la fenêtre que je vois[14] est d'abord une fenêtre et non pas une sensation visuelle indéterminée. De même lorsqu'on nous parle, ce n'est pas une émission de sons que l'on perçoit d'abord, mais la compréhension, la saisie de la substance de ce qui est dit. *Nous sommes d'emblée déjà avec autrui auprès de l'étant dont il est question*[15]. Et il ne faudrait donc pas imaginer que ce qui se donne est la chose elle-même, il ne s'agit évidemment pas d'un bloc d'en-soi conservé pur dans son appréhension par le pour-soi ; la chose se donne immédiatement comme un « quelque-chose » dans un « comprendre » (Verstehen) originaire. C'est donc d'emblée un « quelque-chose » – un objet déterminé – qui est appréhendé et que l'être humain reconnaît comme tel. Le monde ne saurait être considéré comme un ensemble indifférencié, chaotique, il est d'emblée une totalité de « quelque-chose ». Il est, comme le note M. Haar, ***l'horizon de compréhension*** *non thématique, non théorique, mais pratique, quotidien, des étants disponibles à quelque usage*[16].

La question demeure cependant toujours de savoir quel statut accorder à ce « quelque-chose » : serait-il marqué par le sceau inaltérable de l'objectivité – le « quelque-chose » est-il un objet à prendre en tant que tel dans son immuable identité ? – ou est-il immanquablement marqué de l'empreinte de l'homme qui l'appréhende et donc inévitablement traversé par le devenir – par l'historicité – dans lequel il se trouve lui-même pris ?

En fait, le monde n'est pas une sorte de cadre abstrait dans lequel se tiendraient les objets, il est au contraire l'ensemble des éléments avec lesquels

---

11 M. HEIDEGGER, *Holzwege*, Frankfurt, 1972, p. 15.

12 M. HEIDEGGER, *Sein und Zeit*, Frankfurt, 1967, p. 164.

13 M. HEIDEGGER, *o.c.*, 1972, p. 75.

14 M. HEIDEGGER, *Die Grundprobleme der Phänomenologie*, Frankfurt, 1976, p. 88.

15 M. HEIDEGGER, *o.c.*, 1967, p. 164.

16 M. HAAR, *Le chant de la terre. Heidegger et les assises de l'histoire de l'être*, Paris, 1985, p. 34.

nous sommes toujours déjà en rapport. Il se donne donc, pour le dire autrement, depuis l'accessibilité que nous avons aux choses : les choses nous sont accessibles, et cet accès constitue proprement l'ouverture à un monde. Ainsi peut-il se donner – aussi mais pas seulement, comme l'a bien montré M. Haar[17] – comme un ensemble d'instruments susceptibles de nous servir : la forêt est une réserve de bois, la montagne une carrière de pierre, la rivière une force hydraulique …[18]. Bref, le monde a donc toujours déjà subi une *mise en forme et en sens*[19]. Il a été prédécoupé et la totalité des « quelque-chose » qui le constituent a été coextensivement dotée d'un sens. Mais comme le monde est la totalité des ustensiles et que l'ustensile est un « être-pour » ou « être-en-vue-de », le monde se donne comme entièrement finalisé : il est, en effet, la totalité des finalités ou « êtres-en-vue-de » que sont les ustensiles.

Mais la question se pose alors de savoir quel est l'agent finalisant de ces finalités. C'est l'homme. L'être des choses est, en effet, *radicalement et constitutivement en rapport avec l'être en projet de l'être-là*[20]. Parce que l'instrument est « être-en-vue-de », il est fondamentalement quelque chose qui renvoie à l'homme : il n'est ustensile qu'en fonction de celui qui l'anime de son ustensilité. L'homme et les ustensiles sont donc en relation intime ; ils sont, nous dit Heidegger, dans une relation de **familiarité** (Vertrautheit) *qui permet à l'être-là de se perdre dans l'étant intramondain qu'il rencontre, ou encore d'être « absorbé » par cet étant*[21]. Cette notion de familiarité est importante, car elle rappelle que le monde dans lequel l'homme s'absorbe est précisément le monde qui lui est familier, c'est-à-dire celui qui se compose des objets dont le sens lui est intimement connu. C'est dire que le monde de l'être-au-monde n'a ni une valeur absolue ni surtout une valeur abstraite comme pourrait le laisser penser l'expression. Il est celui dans lequel l'individu est apparu ; il est celui de son groupe, de sa classe ; il est celui de sa tradition. Il est ce monde-là – celui dont il est – tel qu'il lui a été donné. Il est celui qu'il ressent « dans sa chair » comme le sien et face auquel se trouvent d'autres mondes. Et les distances qui les séparent se marquent clairement lorsqu'on se trouve plongé dans un autre monde par les sentiments, les impressions que l'on ressent, et qui s'échelonnent dans des valeurs qui vont de l'étrangeté à la radicale altérité. Car un autre monde – entendons

17 M. HAAR, *o.c.*, 1985, pp. 45 sq.
18 M. HEIDEGGER, *o.c.*, 1967, p. 70.
19 C. LEFORT, *Essais sur le politique*, Paris, 1986, p. 20.
20 G. VATTIMO, *Introduction à Heidegger*, Paris, 1985, p. 33.
21 M. HEIDEGGER, *o.c.*, 1967, p. 76.

une mise en forme du monde différente – c'est aussi une mise en sens différente. Et l'on sait le sort des groupes archaïques auxquels on a voulu imposer la « civilisation » : ceux-ci se sont retrouvés dans un monde qui s'est littéralement vidé de son sens, et ont péri. On ne peut s'adapter que vis-à-vis de quelque chose que l'on comprend, on ne s'adapte pas à quelque chose qui n'a pas de sens.

Ainsi qu'il ressort de notre analyse, l'homme et son monde sont intimement liés, et il ne saurait être question de trouver dans la conscience de l'homme un bloc inaltéré de nature : le monde de l'homme est un monde humanisé, c'est-à-dire un monde qui porte de part en part l'empreinte d'une culture. Mais les problèmes ne sont pas pour autant tous résolus : en disant que l'homme reconnaît le monde, nous admettons implicitement qu'on lui a donné les clefs qui en rendent possible la compréhension ; ou, si l'on préfère, on lui a communiqué – c'est le fait de l'éducation – sa mise en forme et en sens. Mais de quelle manière cette mise en forme et en sens est-elle opérée ? La caractéristique de l'homme est – Leroi-Gourhan y a insisté à plusieurs reprises – qu'il naît en ayant tout à apprendre. Cela signifie qu'il a à s'intégrer dans le monde du groupe dont il est. Le monde est donc déjà là pour lui, et il doit s'y glisser pour y avoir sa place. Tel est bien le but de l'éducation fournie en particulier par les parents. Cette éducation se fait sur le mode de la communication ; elle implique donc la présence d'un langage. Nous savons, en effet, aujourd'hui, et contrairement à ce que nous enseigne l'étymologie du mot – infans signifie « qui ne parle pas » – que l'enfant établit très tôt – sans doute dès avant sa naissance – un dialogue avec le monde qui est, du reste, à ce moment constitué presque exclusivement par sa mère[22]. Et ce qui se transmet, c'est « l'image » d'un monde tel qu'il a été institué symboliquement. L'individu entre ainsi dans un monde qui prend forme depuis un horizon d'institutions symboliques dont l'une d'elles – et ce n'est pas la moindre – est la langue qu'il parlera[23].

22 Voir, entre autres, à ce sujet les études de synthèse de A. Vinter, « Les fonctions de représentation et de communication », in J. Piaget, P. Mounoud & J.-P. Bronckart, *Psychologie*, Paris, 1987, pp. 417-462 et J.-P. Bronckart, « Les fonctions de représentation et de communication chez l'enfant », in *ibid.*, pp. 680-714.

23 Pour les développements philosophiques afférents à la notion d'institution symbolique, voir M. Richir, *Phénoménologie et institution symbolique (Phénomènes, Temps et Etres II)*, Grenoble, 1988, IIe partie.

Reste toutefois le problème de savoir comment les institutions symboliques s'articulent entre elles. Le monde, en effet, ne se donne pas au travers d'institutions symboliques qui chacune conserverait à l'égard des autres son indépendance absolue. Le groupe social apparaît comme un ensemble unitaire et cohérent. Et tous les organes qui en font partie s'intègrent de façon homogène dans ce tout autonome et fonctionnel. Chacune des choses qui y ont été symboliquement instituées est en fait traversée par une logique d'ensemble qui donne au groupe sa spécificité. Un groupe aïnou est aïnou jusque dans les moindres détails de ses productions : tout ce qu'il est, tout ce qu'il fait et tout ce qu'il dit est traversé par un caractère d'ensemble qui lui donne sa spécificité et le distingue d'un groupe voisin. Et cette logique d'ensemble, qui donne au groupe sa spécificité, porte ses membres à affirmer son absoluité. Le groupe, tel qu'il a été symboliquement institué, s'affirme comme absolu et immuable. Et cette affirmation se donne non seulement de l'intérieur même du groupe dans une tradition qui justifie le titre d'homme pour ses membres – par opposition aux êtres d'un autre groupe – et qui se présente comme toujours identique à elle-même – les gestes faits l'ont été de la même manière par les ancêtres ; les fêtes commandées par les dieux se recommencent aux mêmes périodes, appellent les mêmes vœux et entraînent les mêmes conséquences … –, mais aussi de l'extérieur du groupe, comme on peut le voir dans le titre qu'on attribue à un groupe ou qu'un groupe attribue à un autre groupe – nous parlons de Bantous, de Fuégiens, de Dogons comme si le caractère bantou, fuégien ou dogon était intemporel ; comme s'il existait un caractère bantou, fuégien ou dogon toujours immuable et identique à lui-même. Il ne faut évidemment pas s'y tromper : ce caractère d'absoluïté est un leurre. La culture, telle qu'elle a été symboliquement instituée, se modifie continuellement : des groupes voisins apportent de nouvelles techniques, de nouvelles idées ; les institutions évoluent, des coutumes disparaissent[24]. Et ces modifications – Leroi-Gourhan nous l'a montré à travers toute son œuvre – touchent la culture tant dans sa dimension horizontale, dans son étendue, que dans sa dimension verticale, dans son historicité. Le groupe se donne donc comme la synthèse de deux axes – synchronique et diachronique – d'institutions symboliquement instituées.

Synchroniquement, le groupe culturel se donne depuis un ensemble d'institutions symboliques qui renvoient les unes aux autres. Chacune d'elles ne se pose pas comme un isolat monadique, mais se présente en impliquant

24 Les études des ethnohistoriens ont bien mis en évidence la mouvance d'une tradition orale dont on a un peu rapidement affirmé l'immutabilité.

simultanément toutes les autres. Le social est, à l'instar d'un tissu organique, un réseau dense d'éléments intimement liés qui assurent à l'ensemble sa fonctionnalité. Mais à l'inverse du tissu organique, celle-ci n'en est pas le but dernier. Castoriadis a bien montré, en effet, que l'homme et ce qu'il produit ne peuvent nullement s'expliquer comme résultant de besoins naturels à satisfaire. Et Leroi-Gourhan a versé, à cet égard, dans un fonctionnalisme égarant. L'homme est, au contraire, le créateur et le seul maître de ses besoins. *L'homme ne peut exister qu'en se définissant chaque fois comme un ensemble de besoins et d'objets correspondants, mais dépasse toujours ces définitions – et, s'il les dépasse ... c'est parce qu'elles sortent de lui-même, qu'il les invente ... donc qu'il les* ***fait*** *en faisant et en* ***se*** *faisant, et qu'aucune définition rationnelle, naturelle ou historique ne permet de les fixer une fois pour toutes*[25], si bien que la notion de besoin chez l'homme apparaît comme nécessairement toujours soumise au libre vouloir. Aucune force surplombante ne saurait ternir l'éclat d'un être qui trouve son accomplissement dans la réponse qu'il donne à ses désirs. L'homme, a dit Bachelard, *est une création du désir, non pas une création du besoin*[26].

Le social se donne donc dans sa spatialité comme ensemble d'institutions symboliques articulées entre elles en **réseau symbolique** qui fournit, au delà de la multiplicité des faits et gestes, des us et coutumes, des mythes et des rites, une image globale et homogène du groupe social. Cette qualité essentielle – la continuité – avait, du reste, été bien mise en évidence par Leroi-Gourhan dans son analyse du milieu technique. L'auteur montre, en effet, que *si chaque élément du milieu intérieur est constamment en rapport avec la totalité des autres, on peut présumer que tous les éléments techniques réagissent constamment les uns sur les autres*[27], ce qui implique un véritable équilibre interne des éléments en présence. Mais cette organisation spatiale du social lui donne aussi une possibilité précieuse sans laquelle il ne pourrait que disparaître – à savoir une certaine plasticité qui lui offre la possibilité d'intégrer de nouveaux éléments qui autorisent une partielle réorganisation du réseau symbolique et dont on trouve les échos dans le concept de « perméabilité du milieu technique »[28] tel que l'a défini Leroi-Gourhan. Réorganisation partielle, mais non métamorphose ; un apport nouveau ne gagne une place au sein du groupe que s'il trouve à s'y enraciner : la charrue

25 C. CASTORIADIS, *L'institution imaginaire de la société*, Paris, 1975, p. 190.
26 G. BACHELARD, *Psychanalyse du feu*, Paris, 1938, p. 39.
27 A. LEROI-GOURHAN, *Evolution et techniques*, II, Paris, 1973, p. 344.
28 A. LEROI-GOURHAN, *o.c.*, II, 1973, p. 343.

trouve à s'implanter dans une population qui connaît l'araire, l'ordinateur ne pourrait trouver de place dans un groupe de chasseurs-cueilleurs. Bref, l'emprunt nécessite la présence préalable d'un milieu favorable[29].

Diachroniquement, le groupe culturel se donne depuis un ensemble d'institutions symboliques qui s'enchaînent – mais en « oubliant » leur état antérieur – les unes aux autres. Le groupe social n'est, en effet, pas uniquement constitué par un réseau symbolique horizontal, il n'est pas un socle immuable suspendu dans un espace sans temporalité ; il est, au contraire, le résultat d'états antérieurs perdus comme tels, mais présents comme lieu d'enracinement, comme **sol transcendantal**. C'est dire que le groupe est constitué par un réseau symbolique perpétuellement en devenir de lui-même, et qu'il se donne verticalement dans ce que l'on pourrait appeler un **flux symbolique**. Tel qu'il nous apparaît à un moment donné, le groupe est donc le reflet immobilisé du devenir historique d'un réseau symbolique. Celui-ci est pris dans une véritable *historicité symbolique*[30] dont la profondeur est matérialisée par l'ensemble des traditions, ce que l'on pourrait nommer le **corps symbolique** du groupe culturel. Chaque fois qu'une parole est prononcée, chaque fois qu'un geste est accompli, chaque fois la tradition est sollicitée. Chaque fois qu'un acte est fait au sein d'un groupe, chaque fois le réseau symbolique est réactualisé. Et cette réactualisation est, en fait, une réactivation du réseau symbolique par réinjection de sens : accomplir un rite, réciter un mythe, c'est ramener à la vie ce qui a été symboliquement institué en lui redonnant un sens. Synchronie et diachronie s'entrecroisent donc et donnent au point de leur croisement l'état – **un** état – de la société.

2.4 Animalité et humanité

La question de l'historicité symbolique, telle qu'elle est apparue, pose, en outre, le problème supplémentaire de l'articulation entre animalité et humanité. Très tranchée au départ – *dès que la station verticale est établie, il n'y a plus de singe et donc pas de demi-homme* [I, 34] –, la position de Leroi-

29 Pour l'analyse de la notion de milieu favorable, on se reportera à A. LEROI-GOURHAN, *o.c.*, II, 1973, pp. 373 sq.

30 Le concept d'historicité symbolique est emprunté à Marc Richir ; un très bel exemple d'historicité symbolique a été présenté par lui dans son commentaire sur l'origine de la géométrie. Voir M. RICHIR, *La crise du sens et la phénoménologie. Autour de la Krisis de Husserl*, Grenoble, 1990, pp. 273-346.

Gourhan apparaît ensuite largement marquée par l'indécision. Car l'auteur ne s'attache à isoler l'homme que pour démontrer finalement que rien ne le distingue d'un autre animal – *l'originalité biologique de l'homme ... est à rechercher plutôt dans la valeur significative d'une continuité avec le monde vivant que dans une hypothétique négation*[31]. Et nous avons vu que la dimension sociale de l'homme n'était proprement humaine que par les caractères physiologiques particuliers dont il était doté. *L'homme aurait-il possédé une denture râpante et un estomac de ruminant que les bases de la sociologie eussent été radicalement différentes* [I, 212]. Bien entendu, mais il se serait alors agi de bovins et non d'humains. Et le problème de l'humanité ne se serait pas posé ! Leroi-Gourhan est pris ici en défaut sur son propre terrain, puisqu'il s'est longuement attaché à montrer [I, 40 sq.] que les caractères physiques sont interdépendants et que l'homme ne saurait être très différent de ce qu'il est. Il a été lui-même clair à ce sujet : *le droit chemin n'existe pas mais la possibilité de divergences radicales ne me paraît pas non plus envisageable sinon à un stade proche de l'origine*[32].

Mais cette indécision apparaît aussi dans l'oscillation incessante entre le point de vue paléontologique et le point de vue ethnologique, qui se poursuit tout au long de ses recherches sans générer la position d'équilibre que l'on attend. Car il ne faut pas s'y tromper : les contradictions ne trouvent leur résolution que dans un système qui les intègre en les dépassant, et non dans un système qui les conserve en les renvoyant dos à dos.

Or, cette indécision rend floue l'analyse de l'articulation entre animalité et humanité. Lorsqu'il se place du point de vue du biologiste, Leroi-Gourhan tire l'homme vers l'animal en insistant, on l'a vu, sur la continuité ; et quand il se place du point de vue de l'anthropologue social, l'auteur isole l'homme en le décapant de son animalité. Mais dans les deux cas, animalité et humanité sont déjà en place, et leurs situations respectives ne font donc plus l'objet d'un questionnement. En fait, ce problème renvoie à la notion d'historicité symbolique, et c'est donc d'elle que nous allons repartir[33].

---

31 A. LEROI-GOURHAN, « Technique et société chez l'animal et chez l'homme », in *Originalité biologique de l'homme*, Paris, 1957, p. 12.

32 A. LEROI-GOURHAN, *Les racines du monde, o.c.*, 1982, p. 130.

33 Il sort du cadre de ce travail de traiter du statut de l'animalité proprement dit. Une analyse phénoménologique de l'animalité a été tentée par M. HEIDEGGER, *Die Grundbegriffe der Metaphysik, Welt-Endlichkeit-Einsamkeit*, Frankfurt, 1983, pp. 261-404 et reprise par M. RICHIR, *Phénoménologie et institution symbolique*, Grenoble, 1988, pp. 223-275.

L'historicité symbolique comme résultat du flux symbolique ne touche pas seulement le devenir d'un groupe social, ni même celui d'une culture ou celui plus large encore d'une civilisation, mais elle pose aussi la question de sa pertinence au niveau des différents stades humains, et plus fondamentalement ensuite, comme nous allons le voir, à l'endroit de la naissance de l'humanité.

Selon Leroi-Gourhan, l'humanité est scindée en deux types qualitativement distincts mais qui cependant se succèdent sans cassure évolutive. Le plus récent – celui qui comprend les Néanthropes et les derniers Paléanthropes – appartiendrait à une « humanité ethnique », tandis que le plus ancien – dans lequel se trouveraient les Australanthropes, les Archanthropes et les vieux Paléanthropes – se donnerait comme une « humanité zoologique », avec d'un côté une « mémoire sociale » qui s'enrichit sans cesse au fil d'une historicité symbolique dont on trouve la matérialisation dans l'ensemble des traditions, et de l'autre une « mémoire génétique » qui se complexifie progressivement et trouve sa matérialisation dans ce que l'on pourrait nommer la « tradition biologique » – chaque être s'inscrit, en effet, dans les annales du vivant comme une étape inachevée, et trouve sa justification en tant que tel au sein d'une tradition biologique dont le but est, en quelque sorte, l'esprit absolu[34]. La question qui se pose est donc de savoir si l'on assiste à ce moment à la transformation d'êtres dont les comportements sont majoritairement déterminés – ce déterminisme comportemental est dû aux mécanismes innés de déclenchement, dont l'activation nécessite la présence de stimulus-signes adéquats, eux-mêmes liés, bien souvent, au phénomène de l'empreinte – en êtres dont les comportements supposent une marge d'indétermination. Ou, pour le dire autrement, il faut s'attacher à mettre en évidence l'apparition d'un être *qui est*, selon Leroi-Gourhan, *libre de créer lui-même ses situations* [II, 23], mais dont la liberté est celle d'un être symboliquement institué, et qui aurait, à ce moment, pris le relais d'un être dont les chaînes opératoires étaient nécessairement déterminées et coordonnées – les stéréotypes sont, en effet, le résultat d'une stricte nécessité génétique.

Or, cette question met immédiatement en cause, comme nous allons le voir, celle du statut même de l'humanité. L'animal, en effet, est inséré dans un réseau de déterminités qui lui donnent à être l'être qu'il est ; et à cet égard, le milieu dans lequel il se trouve fait partie intégrante de son être – il ne saurait donc être question, en ce qui le concerne, d'un milieu qui lui serait extérieur. Que surviennent des changements au sein du biotope qu'il occupe, et il se voit

34 Cf. supra IV, 1.2.

contraint de partir ou de périr : une différence de température, une modification de l'hygrométrie entraînent des conséquences en cascades dont les répercussions peuvent être bouleversantes. Mais cette nécessaire astreinte aux déterminités inscrites en lui sont entièrement conditionnantes, c'est-à-dire qu'elles imposent à cet être de ne pouvoir être **que** ce qu'il est dans les strictes limites de son patrimoine phylétique : les comportements « aberrants » – le chien qui gratte le tapis ou le carrelage, le raton-laveur qui lave soigneusement dans la rivière le morceau de sucre qu'on lui a donné … – en sont une bonne illustration.

L'être humain, quant à lui, détermine les choses à se faire monde dans un acte de liberté primordiale. Il est donc un être **formateur de monde**, et à ce titre il présente, par rapport aux animaux – même par rapport aux plus « évolués » d'entre eux – une différence qualitative et non quantitative, c'est-à-dire une différence de nature et non de degré. Et ce qu'il nous faut essayer de déterminer, à présent, est donc le moment où apparaît cet être formateur de monde, c'est-à-dire l'être humain. Pour ce faire, il va falloir en passer brièvement par l'analyse des faits que nous avons à notre disposition. Quatre types de témoins seront pris en considération : l'industrie lithique, l'habitat, le feu et les matières colorantes.

On le sait, c'est en Afrique orientale et méridionale que les gisements les plus anciens ont été trouvés jusqu'à présent. Ils ont livré des restes fossiles appartenant au genre *Australopithecus* et *Homo*. Il est hors de propos de passer en revue, ne serait-ce que sommairement, les découvertes fort nombreuses d'ossements des plus anciens hominidés connus à ce jour ; il nous suffit de savoir que les paléoanthropologues sont d'accord pour distinguer trois taxons d'Australopithécidés : *Australopithecus afarensis*, le plus ancien, qui a occupé la scène africaine depuis 4 millions d'années au moins jusqu'à environ 1 million d'années et auquel appartient la célèbre découverte de Lucy (52 pièces osseuses datées d'environ 3 millions d'années), *Australopithecus africanus*, qui a vécu entre 3 et 1,2 millions d'années et *Australopithecus robustus* avec son homologue d'Afrique du sud – *Zinjanthropus boisei* – dont on suit la présence entre 2,5 et 1 million d'années. Le second genre d'hominidé – *Homo habilis* – est quelque peu plus récent ; on ne le connaît actuellement qu'à Olduvai et à l'est du lac Turkana (ancien lac Rodolphe) en Afrique orientale où il a vécu entre 3 et 1 million d'années. Comme on peut le constater, les deux genres humains ont été partiellement contemporains et au moment où les préhistoriens ont exhumé les premiers outils, le problème s'est posé de savoir quel était leur auteur. La première interprétation avancée admettait que les hominidés appartenant au genre *Homo* devaient être les fabricants (« *habilis* ») des ces outils rudimentaires et que les Australopithèques, parfois découverts en relation avec les instruments, leur avaient servi de gibier.

Pourtant, certaines de ces industries se trouvent dans des gisements où l'on n'a découvert que des restes d'Australopithèques, et l'on admet donc aujourd'hui que ce dernier était capable de fabriquer lui-même ses outils.

En Afrique, les outils les plus anciens actuellement connus ont été découverts dans le bassin de l'Hadar (niveaux supérieurs du membre de Kada Hadar). 16 artefacts ont été découverts dans l'un des niveaux, 5 dans le second et datent d'environ 2,6 millions d'années. Il consistent en nucléus ou polyèdres et en éclats[35]. A Gona, 19 artefacts et 5 fragments osseux ont été mis au jour dont l'âge (datation par magnétostratigraphie) serait compris entre 2,4 et 2,7 millions d'années. L'inventeur, J. Harris, estime que l'association entre la faune et l'industrie résulte de l'activité à cet endroit des très vieux hominidés[36]. Dans les deux cas, les artefacts consistent en de petits galets aménagés par enlèvements d'éclats sur l'un des côtés (choppers) ou sur les deux (chopping-tools). Dans un horizon archéologique daté de 2,3 millions d'années du site d'Omo 71[37] (Ethiopie), fouillé par Jean Chavaillon et son équipe en 1969, on a également découvert des galets éclatés, des ossements d'animaux parfois aménagés et utilisés, et ces petits « tranchoirs » aménagés sur galet dont les nombreuses marques de choc attestent de leur utilisation comme outil[38]. Cet outillage sur galet aménagé est bien connu dès les lointaines époques du Paléolithique archaïque africain. Il s'agit de galets sur lesquels on a aménagé un tranchant par enlèvement d'éclats sur l'un des bords (chopper) ou sur les deux (chopping-tool). Mais ce type d'outil n'est pas la seule production humaine du moment. Vers les mêmes époques, on trouve déjà, en réalité, un outillage varié sur éclat, sur lame et même sur lamelle. A Omo 123, un millier d'artefacts ont été récoltés dans des limons durcis datés de 2 millions d'années. La taille intentionnelle ne peut être mise en doute, puisqu'on a retrouvé ensemble non seulement une industrie composée de galets éclatés – dont certains avec traces d'utilisation visibles –, des éclats

---

35 H. ROCHE & J.-J. TIERCELIN, « Industries lithiques de la formation plio- pléistocène d'Hadar (campagne 1976) », in *VIIIe Congrès panafricain de Préhistoire et d'Etudes du Quaternaire*, Nairobi, 1980, pp. 194-199.

36 J.W.K. HARRIS, « Découverte de matériel archéologique oldowayen dans le Rift de l'Afar », in *L'Anthropologie*, XC, 1986, pp. 339-357.

37 *Origine et évolution de l'homme, o.c.*, 1982, p. 44.

38 J. GARANGER dir., *La préhistoire dans le monde*, 1992, p. 562.

façonnés, des lames et des lamelles, mais encore des déchets de taille et des nucléus[39]. Cette notion de taille intentionnelle est, du reste, confirmée par la découverte à Garba IV, en Ethiopie, sur un sol daté de 1,5 million d'années, d'une série d'artefacts comprenant des galets aménagés, des outils sur éclats en obsidienne, des bifaces et des hachereaux[40].

L'Afrique n'a cependant plus le privilège – comme on l'a pensé pendant longtemps – des industries les plus anciennes : en Europe, des outils sur galets aménagés ont été découverts dans plusieurs pays sans pourtant que l'on puisse déterminer leur auteur puisque l'on ne possède toujours aucun reste fossile humain pour les périodes qui excèdent 500.000 ans (mandibule de Mauer dans le Bade Würtemberg en Allemagne[41]). En France, le gisement de Saint-Eble (Haute-Loire) dans le Massif central a fourni des outils incontestables datés entre 2,2 et 2,5 millions d'années[42]. De même, un chopper provient du site des Sept-Fonts près de Périgueux dans le bassin de l'Isle (formation « Fs »), auquel les chercheurs ont attribué un âge compris entre 2,3 et 2,5 millions d'années[43]. En Espagne, les plus anciens outils provenant de Cortijo de don Alfonso dans la région d'Orce proviennent de séries stratigraphiques qui remontent à une date comprise entre 1,6 et 1,8 million d'années (dates obtenues par la méthode du paléomagnétisme)[44]. Dans le bassin dacique en Roumanie, quelques instruments en silex trouvés à Tetoiu (coupe de Dealul Mijlociu), dans des couches situées à la limite du Pliocène et du Pléistocène, dont l'origine humaine ne peut être mise en doute, permettent d'envisager une présence humaine aux alentours de 1,7 million

39 *Origine et évolution de l'homme, l.c.* et A. Leroi-Gourhan, *Dictionnaire de la Préhistoire*, Paris, 1988, p. 775, *s.v.* « Omo-Shungura ».

40 A. Leroi-Gourhan, *o.c.*, 1988, p. 413, *s.v.* « Garba IV ».

41 J. Cook, C.B. Stringer, A. Currant, H. Schwarcz & A. Wintle, « A Review of the Chronology of the European Middle Pleistocene Hominid Record », in *Yearbook of Physical Anthropology*, XXV, 1982, pp. 19-65.

42 E. Bonifay, « Un site du Très Ancien Paléolithique de plus de 2 M.a. dans le Massif Central français : Saint-Eble-Le-Coupet (Haute-Loire) », in *Comptes rendus de l'Académie des Sciences*, CCCVIII, IIe série, 1989, pp. 1567-1570.

43 B. Kervazo & J.-P. Texier, *Découverte en Aquitaine (France) d'un outil humain à ranger parmi les plus anciens d'Europe*, in *Comptes rendus de l'Académie des Sciences*, CCXCVI, 1983, pp. 201-203.

44 J. Gilbert, D. Campillo, B. Martinez, F. Sanchez, R. Caporicci, C. Jimenez, C. Ferrandez & F. Ribot, « Nouveaux restes d'hominidés dans les gisements d'Orce et de Cueva Victoria (Espagne) », in E. Bonifay & B. Vandermeersch, *Les premiers Européens*. Actes du 114e Congrès national des Sociétés Savantes (Paris, 3-9 avril 1989), Paris, 1991, pp. 273-282.

d'années[45]. Le fait est d'importance, car la fabrication d'un outil est un acte spécifiquement humain.

L'utilisation d'instruments pour se procurer de la nourriture est bien connue dans le règne animal : certains vautours d'Afrique s'aident d'une pierre pour casser les œufs d'autruche dont ils se nourrissent ; des pinsons des îles Galapagos (*Cactospiza pallida*) extraient des insectes des trous et crevasses de l'écorce des arbres dans lesquels ils s'abritent en se servant d'une épine de cactus ou d'une brindille ; des ours polaires jettent sur des phoques au repos des blocs de glace ; des loutres de mer utilisent des pierres pour briser les oursins et mollusques dont elles consomment la chair ; enfin, le chimpanzé choisit une branchette qu'il casse et effeuille afin d'attraper les termites autrement inaccessibles[46]. Cependant, il ne s'agit jamais d'outils au sens humain du terme, c'est-à-dire d'objets qui ont été trans-formés en vue de tâches à accomplir. Chez l'animal, l'instrument ne fait jamais l'objet d'aménagements élaborés : arracher un bloc de glace ou casser et effeuiller une branche ne sont que des opérations qui visent à dégager l'objet de son milieu en vue de son utilisation **immédiate**. Il n'est jamais « fabriqué » plus de quelques minutes avant son utilisation et n'est jamais conservé plus de quelques minutes après avoir servi. L'instrument n'est donc pas inclus **dans un processus depuis un projet**. De plus, l'objet n'est jamais plurivoque : il est intégré comme instrument dans une situation immédiate qui le détermine à assurer la fonction que l'animal peut lui faire jouer, il ne peut subir aucune dérive fonctionnelle. Comme le rappelle L. Malson, *un chimpanzé a du mal à percevoir une caisse-siège sur laquelle un congénère est assis comme caisse-échelle-éventuelle dont il pourrait tirer profit pour atteindre un objet ... A l'homme, les objets peuvent apparaître dans la neutralité de leur détermination physique et se laisser ainsi assigner, à volonté, un pluriel de fonctions. A l'animal, les objets se présentent sans équivocité, sans plurivalence*[47]. Le singe, à l'inverse de l'être humain, n'est pas capable d'opérer ce que George Miller a appelé – mais pour le langage – une *productivité*

45 C. RADULESCU & P. SAMSON, « Traces d'activité humaine à la limite Pliocène/Pléistocène dans le bassin dacique (Roumanie) », in E. BONIFAY & B. VANDERMEERSCH, *Les premiers Européens*. Actes du 114e Congrès national des Sociétés Savantes (Paris, 3-9 avril 1989), Paris, 1991, pp. 203-207.

46 Pour le détail de ces exemples, on se reportera à B.B. BECK, *Animal Tool Behavior*, New York, 1980 ; D.R. GRIFFIN, *La pensée animale*, Paris, 1988, pp. 122-129.

47 L. MALSON, *Les enfants sauvages. Mythe et réalité, suivi de Mémoire et rapport sur Victor de l'Aveyron par Itard*, Paris, 1971, p. 37.

combinatoire[48]. Il ne peut pas combiner des séquences gestuelles pour extraire du milieu naturel des formes fonctionnelles diversifiées qui vont permettre de le conditionner. C'est toute la différence – et elle est essentielle – avec l'outil proprement dit qui est globalement inséré dans une séquence complexe d'actes débutant avec la volonté d'un but à satisfaire.

Les outils humains les plus élémentaires exigent une série d'opérations mentales qui ne s'improvisent pas. L'outil dénote d'emblée, comme nous allons le voir, un étonnant pouvoir d'adaptation à la matière et à la forme, la possibilité de transformer la matière première suivant les exigences d'un schéma mental conditionnant et la capacité de médiatiser le monde environnant.

Contrairement à la branchette qui possède naturellement la forme adéquate pour l'usage auquel l'oiseau ou le singe la destinent, la matière première que l'homme récolte est infiniment variée et n'a jamais – si l'on excepte le cas du percuteur – naturellement la forme qui la prédestine à un emploi. On sait que l'idée d'un outillage « naturel » a agité plusieurs fois les milieux de préhistoriens : Gabriel de Mortillet et Aymé Rutot voyaient dans les éolithes tertiaires des outils providentiels dont l'être pré– ou protohumain d'alors n'aurait eu qu'à utiliser – en l'aménageant éventuellement très sommairement – le bord ou l'extrémité naturelle en grattoir, en racloir ou en perçoir. L'examen soigneux des collections a montré que ces pièces n'avaient pas subi d'aménagement par l'homme et ne portaient aucune trace d'utilisation. Les éolithes ont alors lentement rejoint les trésors des mythes de la science, et avec eux les Anthropopithèques et autres Eoanthropes[49].

Le très vieux matériel dont nous disposons montre, au contraire, une extraordinaire faculté d'adaptation aux contraintes de la matière première. Les hominidés d'Omo 123 ont récolté, il y a 1,93 million d'années, des morceaux de quartz pour en tirer des éclats et du jaspe dont ils ont fait des lamelles[50]. Ceux du site d'Omo 57 ont fabriqué une industrie variée de petite dimension (1 à 4 cm) dans des matériaux aussi divers que le quartz, la lave et le jaspe[51]. En Europe, la grotte du Vallonnet dans les Alpes-Maritimes (0,95-0,9 million d'années) a livré à la fois une industrie sur éclat en calcaire et des galets aménagés en quartzite.

48 G.A. MILLER, *The Psychology of Communication*, New York, 1967.

49 M. GROENEN, *Pour une histoire de la préhistoire. Le Paléolithique*, Grenoble, 1994, pp. 229-246.

50 J. GARANGER dir., *o.c.*, 1992, p. 562.

51 J. GARANGER dir., *l.c.*

Ces diverses industries portent toutes des traces de débitage intentionnel. Celui-ci a permis de transformer un bloc de matière première de forme quelconque en un outil prêt à l'emploi. Or, ces diverses matières ont chacune des caractéristiques et des propriétés propres. A l'inverse des roches éruptives telles que le basalte ou la dolérite – roches tenaces qui se taillent mal par percussion mais résistent bien aux chocs –, l'obsidienne, le silex et le jaspe sont des roches dures, aptes à la taille : un choc ou une pression bien appliqués entraînent le détachement d'un fragment du bloc initial. Le produit d'enlèvement de ces roches est prévisible et c'est pourquoi l'homme les a aussi abondamment utilisées. Pourtant, l'éclatement exige une maîtrise technique accomplie. On ne détache pas un éclat avec n'importe quel type de percuteur. L'extraction d'un éclat ou d'une lame réclame la préparation préalable du nucléus. Le coup porté doit impérativement tenir compte de la matière : le calcaire ne réagit pas de la même manière que le quartzite, ni le jaspe comme l'obsidienne. Enfin, la précision, la force, la direction et l'emplacement du coup sont autant de facteurs qu'il faut pouvoir combiner avec adresse pour réussir correctement l'opération de débitage. Mais il y a plus : les produits de débitage ne se présentent pas comme de quelconques éclats dont on aurait utilisé l'une ou l'autre partie en fonction de ce qu'elles auraient pu s'adapter à un type de travail plutôt qu'à un autre. L'homme a systématiquement réalisé dans la matière informe des produits adaptés au type de travail qu'il souhaitait accomplir. Tant et si bien qu'il est possible – et les préhistoriens l'ont fait[52] – de dégager des types d'outils constants et bien individualisés. Dans le Paléolithique archaïque d'Afrique – de 3 à 1,4 million d'années – l'Oldowayen fournit non seulement des choppers, des chopping-tools et des polyèdres, mais aussi des grattoirs épais, des racloirs, des encoches et des denticulés[53]. Ces types se retrouvent dans d'autres sites de cette époque et d'époques ultérieures, mais avec des variantes morphologiques ou en association avec d'autres types (proto-bifaces, proto-hachereaux, etc.). A l'inverse, cette spécialisation en types distincts ne doit d'ailleurs pas être érigée en absolu : certains outils ont été employés pour différents usages, certains instruments ont été récupérés (cas des nucléus épuisés réutilisés comme percuteurs). Et l'outil ne saurait donc être considéré comme un produit conditionné par un quelconque facteur physiologique ou génétique. Il est tout au contraire l'expression d'une **volonté conditionnante** qui trans-forme la matière du

52 Voir pour les diverses typologies G. CAMPS, *Manuel de recherche préhistorique*, Paris, 1981, pp. 54-147.

53 J. GARANGER dir., *o.c.*, 1992, p. 558.

monde, c'est-à-dire qui **la projette dans un espace et un temps humains**. Enfin, cette panoplie d'ustensiles permet d'opérer des actions spécifiques sur le monde. Il ne s'agit nullement ici de se servir d'un matériau – une pierre ou une branchette – dans le seul but d'ôter l'obstacle – la coquille, la fissure trop étroite – qui empêche de saisir l'objet convoité – le mollusque, le termite – afin de pouvoir satisfaire l'envie immédiate que cet objet suscite – s'en nourrir ; il s'agit d'agir par les objets du monde sur le monde en le transformant, c'est-à-dire **en projetant le monde lui-même dans un espace et un temps humains**. L'animal tué est amené dans un endroit particulier où il sera transformé, grâce à des outils spécifiques, en produits humanisés : les chairs sont découpées – les traces de décarnisation observées sur les os le démontrent – pour en extraire la viande. Les ossements ne sont pas seulement récupérés pour en extraire la moelle, certains d'entre eux portent des traces d'aménagement (débitage, sciage) qui montrent la volonté que l'homme a eue de les transformer pour leur assigner une nouvelle destination. Les nombreux massacres d'animaux et défenses d'éléphant, les bois d'animaux, comme à Garba IV (niveaux C et D, 1,5-1,4 million d'années) où furent découvertes cent vingt cornes d'antilope[54], ont été rapportés des lieux d'abattage et disposés de façon particulière. Il est d'ailleurs intéressant de noter que certains bois d'animaux ont été aménagés pour être réutilisés comme percuteurs doux, par exemple. Mais les diverses roches et les carcasses animales ne sont pas seules à avoir été transformées ; le sol lui-même – nous allons le voir – a subi des aménagements divers.

La matière du monde sert donc à instrumentaliser le monde pour le domestiquer : l'homme est un être-au-monde en ce qu'il humanise le monde pour l'habiter. Le milieu extérieur n'est jamais un état que l'homme subit et dont il ne peut que manipuler la matière pour son besoin immédiat. Le bloc de glace qui immobilise le phoque, la branchette qui accroche les termites ne sont, pour l'ours ou le chimpanzé, que des moyens immédiats de s'approprier un peu du milieu extérieur. L'homme, au contraire, se rapporte au monde[55] en le médiatisant : le monde est toujours déjà prédécoupé en « quelque-chose » et chacun des « quelque-chose » est toujours déjà un « objet-pour ».

54 J. Garanger dir., *o.c.*, 1992, p. 570.

55 Nous aurons l'occasion de voir, dans la partie suivante, que cette manière de se rapporter au monde est proprement ce qui différencie fondamentalement le langage humain et le « langage » animal.

Ceci implique une distanciation par rapport à la chose convoitée, en sorte que celle-ci puisse rester en suspens, en attente d'être satisfaite. Cette mise en suspens permet ensuite la mise en relation du but à atteindre et du but atteint anticipativement, et leur coïncidence pourra être assurée par l'utilisation d'un médium rendu adéquat – l'outil est un être-fabriqué-en-vue-de – à l'advenue du but atteint. Il ne s'agit donc pas d'un homme qui va vers un but à atteindre, mais au contraire d'un homme qui, grâce à l'outil, tire vers lui le but déjà anticipativement atteint. Et la présence d'un outil fabriqué trahit donc, par la valeur humaine dont il est chargé, la nature humaine de l'être qui en fut l'auteur. La question n'est donc pas tant de savoir si l'Australopithèque fut ou non l'auteur des outils découverts – trois types d'hominidés peuvent en être les auteurs –, mais elle est au contraire d'admettre qu'il y a plus de 2 millions d'années, l'être qui les a fabriqués était humain.

Le deuxième point que nous nous sommes proposé de passer en revue traite des anciennes traces d'habitat. De même que pour les instruments en pierre taillée, les préhistoriens ont dégagé des aires d'emplacement et des structures d'habitat fort anciennes. Les plus anciennes sont situées en Afrique orientale (DK1 à Olduvai en Tanzanie ; KBS et HAS au Kenya) sur des sols datés d'environ 2,5 à 2 millions d'années[56]. Si le site KBS (Kay Behrensmeyer's Site), avec ses quelque 139 artefacts et ses restes de poissons, de reptiles et de gros herbivores, semble bien être davantage une aire d'emplacement provisoire, le gisement DK (bed I) – du nom de son inventeur : Douglas Korongo – d'Olduvai reflète clairement une structure d'habitat avec une couverture de pierres de forme circulaire et une concentration de blocs de lave face au nord servant de murette pare-vent. De même, le site FLK d'Olduvai (niveau des Zinjanthropes) présente une aire semi-circulaire vide supposée être l'emplacement d'une protection de branchage contre le vent isolant la concentration centrale de l'aire des rejets[57]. Comme le signalent R. Desbrosse et J. Kozłowski, *l'examen des structures (...) laisse à penser qu'il existait déjà une certaine permanence des camps de base à partir desquels s'organisaient des activités périphériques. Ces activités sont attestées par la découverte de lieux d'abattage (killing sites) et de dépeçage (butchering*

56 Sur les structures d'habitat, on consultera : *Origine et évolution de l'homme*, Paris, 1982, pp. 109-115 et R. DESBROSSE & J.K. KOZLOWSKI, *Les habitats préhistoriques des Australopithèques aux premiers agriculteurs*, Cracovie-Paris, 1994, 132 p. (Documents préhistoriques n° 6).

57 M.D. LEAKEY, *Olduvai Gorge. III. Excavations in Beds I and II, 1960-1963*, Cambridge, 1971, pp. 49-58.

sites), de lieux de débitage des roches dures[58]. Dans le site HAS, de nombreux os d'hippopotame ayant appartenu à un seul individu associés à des outils taillés laissent, en effet, penser qu'il y eu à cet endroit un lieu de dépeçage. Dans le niveau 6 de FLK nord – quelque peu plus récent –, les fouilleurs ont recueillis des outils lithiques associés à un squelette d'éléphant presque complet comportant des traces de dépeçage, et les restes d'une antilope dont le frontal était brisé[59], ce qui semble indiquer que les anciens hominidés ayant occupé le site ont dû chasser et mettre à mort le petit gibier au moins[60], et non se contenter de ramasser les dépouilles d'animaux morts. Dans le site HWK-est (niveaux 3 et 4, datés d'environ 1,6 million d'années), des éclats de chaille ont été débités ailleurs avant d'être apportés dans le site[61]. Nous avons donc la preuve que certains outils spécifiques ont été fabriqués à un endroit, puis transportés dans la zone d'habitat en vue d'y être utilisés.

Il existe donc, dès ces époques lointaines, des êtres – quels qu'ils soient : Australopithèques, *Homo habilis* ou autres – qui délimitent des morceaux d'espace et les aménagent en vue d'y pratiquer certaines activités. La variabilité des éléments retrouvés, si tant est qu'ils appartiennent au même rameau humain, semble cependant déjà témoigner d'une certaine créativité. De même, la présence d'une aire de dépeçage a pu laisser penser qu'il y avait déjà alors une répartition sociale ou, à tout le moins conjugale, des activités[62]. Les éléments pour ces lointaines époques sont évidemment fort lacunaires et, au premier abord, il ne permettent pas d'affirmer l'humanisation des espaces habités. Les fouilles récentes, pourtant, laissent entrevoir des éléments intéressants. En Europe, le gisement de Soleilhac près du Puy-en-Velay a donné un sol d'habitat daté de 800.000 ans. Un parement de pierres de 6 m x 1,5 m y a été aménagé le long d'un affluent qui se jetait dans un ancien lac[63]. E. Bonifay a relevé des alignements de blocs de pierre et d'ossements de grands mammifères (surtout l'éléphant) qu'il interprète comme étant un parevent autour duquel se trouvent concentrés les outils en pierre et les débris de

58 R. DESBROSSE & J.K. KOZLOWSKI, *o.c.*, 1994, p. 17.

59 M.D. LEAKEY, *Olduvai Gorge. III, o.c.*, 1971, pp. 64-66, fig. 32.

60 P. SHIPAN, « Etudes récentes sur le comportement des Hominidés dans la grotte d'Olduvai », in *L'Anthropologie*, XCIV, 1990, pp. 229-240.

61 M.D. LEAKEY, *Olduvai Gorge. III, o.c.*, 1971, pp. 97-106 (niveau 3) et 106-108 (niveau 4).

62 G. ISAAC, *Le partage de la nourriture chez les protohumains*, in *Pour la science*, 1978.

63 E. & M.-F. BONIFAY, « Le Paléolithique ancien en Velay et en Auvergne : civilisations préhistoriques et milieu naturel », in *Les inédits de la préhistoire auvergnate*, Clermont-Ferrand, 1983.

cuisine[64]. Le pavage rudimentaire rappelle, quant à lui, que l'homme a voulu se protéger de l'humidité du sol afin de rendre son espace domestique plus confortable.

A Isernia la Pineta, en Molise dans le sud de l'Italie[65], M. Cremaschi et C. Peretto ont découvert trois paléosurfaces anthropiques caractérisées par des structures d'habitat datées de 736.000 ans ± 40.000 (K/Ar). Ces paléosols ont livré un outillage lithique sur silex, quartzite et calcaire, abondant (plusieurs milliers de pièces) et diversifié (coches, denticulés, grattoirs, racloirs ...), ainsi qu'un grand nombre d'ossements de bison (*Bison schoetensacki*), de rhinocéros (*Dicerorhinus hemitoechus Falconer*), d'éléphant (*Elephas antiquus Falconer*), d'ours (*Ursus deningeri*), d'hippopotame (*Hippopotamus amphibius*) ... Les os des membres étaient le plus souvent entiers et les pattes étaient parfois en connexion, tandis que les vertèbres et les côtes étaient rares. Il est donc logique de penser que l'homme d'alors a chassé les gros animaux dont il a rapporté à cet endroit certains morceaux préalablement débités. Etant donné que les restes exhumés ont appartenu à plusieurs centaines d'individus, on est obligé d'admettre que le site a été occupé, de façon intermittente sans doute, mais durant une très longue période. Cette notion de choix et de distribution des activités se trouve d'ailleurs confortée par le fait que seuls certains os d'animaux avaient été apportés dans le gisement, comme les humérus, les bassins et les défenses d'éléphant ; les portions frontales de crâne, des omoplates et des bassins de bisons ; des crânes, des mandibules et des restes de dents de rhinocéros[66]. Il est donc légitime de penser que l'homme d'Isernia a organisé son habitat en fonction d'une série d'activités concertées dont malheureusement la destination nous échappe encore. Enfin, dans l'un des niveaux (3A), les restes osseux ont été recouverts par endroits au moyen de galets et de blocs de travertin, ce que Peretto a interprété comme une aire d'assainissement ; tout indique, en effet, que l'homme avait disposé son habitat le long d'un cours d'eau ou d'une surface d'eau et qu'il a voulu consolider le sol sur lequel il séjournait[67]. La

64 E. BONIFAY, « Les premières industries du sud-est de la France et du Massif Central », in E. BONIFAY & B. VANDERMEERSCH, *Les premiers Européens*. Actes du 114e Congrès national des Sociétés Savantes (Paris, 3-9 avril 1989), Paris, 1991, pp. 69-70.

65 M. COLTORTI *et al.*, *Isernia la Pineta, un accampamento più antico di 700.000 anni*, Bologna, 1983.

66 C. PERETTO, *Les gisements d'Isernia La Pineta (Molise, Italie)*, in E. BONIFAY & B. VANDERMEERSCH, *Les premiers Européens*. Actes du 114e Congrès national des Sociétés Savantes (Paris, 3-9 avril 1989), Paris, 1991, pp. 161-168.

67 M. CREMASCHI & C. PERETTO, « Les sols d'habitat du site paléolithique d'Isernia la Pineta

situation générale des structures d'habitat indique que les très anciens hominidés ont choisi des aires d'emplacement dans des endroits stratégiques (proximité de l'eau, du gibier, des matières premières) et qu'ils y ont au moins aménagé leur emplacement par des structures de pavage ou de pare-vent – les traces de superstructures n'ont pas encore été mises en évidence et ne sont donc actuellement pas connues – afin de les rendre le plus confortable possible. Enfin, la quantité de restes osseux et de vestiges archéologiques de certains de ses habitats nous permet d'avancer qu'ils ont dû être habités pendant des périodes relativement prolongées.

Nous sommes loin des nids de feuillage que certains singes aménagent pour s'abriter la nuit et qu'ils abandonnent définitivement après la halte. Il s'agit ici de l'élaboration d'une structure complexe. Même si les informations demeurent incomplètes, la disposition de blocs de travertin en demi-cercle et la présence de nombreuses défenses d'éléphant disposées parallèlement les unes par rapport aux autres suffisent pour le mettre en évidence. Mais il est remarquable de pouvoir saisir, dans les éléments lacunaires qui nous restent, la « domestication » de l'espace, que Leroi-Gourhan veut à tout prix faire apparaître beaucoup plus tard, à la charnière des Paléanthropes et des Néanthropes. L'apport de pièces de viande aussi importantes que des cuisses entières d'éléphant, de rhinocéros ou de bison exige une action concertée. Il est évidemment impensable que plusieurs membres d'un groupe n'aient pas travaillé simultanément – et ce un grand nombre de fois – pour réaliser pratiquement cette action. Il y a ici l'indice décisif, sinon la preuve, d'une organisation sociale totalement humaine, avec les traces d'une complexité qu'on ne soupçonnait pas pour ces lointaines époques. Car les types d'outils démontrent la présence d'activités diverses et spécialisées : toujours à Isernia la Pineta, les racloirs ont dû servir au travail des peaux, les becs et pointes pour percer, les choppers et les outils plus massifs ont pu servir à briser les ossements, enfin les outils tranchants ont dû être destinés à découper la viande. Plus qu'un simple lieu où l'on débite les chairs animales à la seule fin de se rassasier, on devine ici un emplacement où se sont déroulées des activités multiples comme le débitage, le dépeçage, la boucherie, l'aménagement des peaux, etc. Mais le fait le plus intéressant en faveur de la « domestication » de l'espace est la présence d'aires de travail particulières où se sont effectuées des opérations spécialisées : dans le secteur II, les fouilleurs ont

(Molise, Italie centrale) », in *L'Anthropologie*, XCII, 1988, pp. 1017-1040 ; A. LEROI-GOURHAN, *Dictionnaire, o.c., s.v.* « Pineta » ; J. GARANGER dir., *La préhistoire dans le monde*, Paris, 1992, p. 299.

découvert les coches, denticulés, grattoirs, racloirs, becs et pointes en silex associés à des esquilles osseuses et à des dents de bison, d'éléphant, de rhinocéros et d'ours, tandis que dans le secteur I, ils ont mis au jour avec cet outillage sur silex des choppers sur galets et sur blocs calcaires associés à d'énormes quantités d'ossements. Il semblerait donc qu'il y ait eu une division de l'aire d'activité en deux zones au moins où s'effectuaient des opérations différentes.

Nous ne sommes cependant pas au bout de nos peines ; l'être de ces hautes époques était bien humain de part en part, et l'on n'observe pas, à l'analyse, la césure que Leroi-Gourhan instaure : aucun stéréotype physiologique ne détermine l'outil produit, aucun mécanisme inné ne peut réduire l'habitat à ce que serait le nid d'abeille ou celui des oiseaux. L'être qui a vécu au Paléolithique inférieur était entièrement humain, et il s'agit en conséquence de s'attacher aux signes susceptibles d'en révéler la nature culturelle. C'est la raison pour laquelle nous allons à présent examiner les foyers d'abord et les matières colorantes ensuite.

Le feu, dont Leroi-Gourhan ne parle assez curieusement que très peu – sauf pour en souligner les utilisations qui n'existent, selon lui, précisément qu'à partir des derniers Paléanthropes – est en réalité très largement attesté dès les Archanthropes[68]. Les plus anciens indices de foyer connus proviennent d'Afrique. Dans le site de Bodo (A4) sur les rives de la moyenne vallée de l'Awash en Ethiopie, daté par la faune de 1,3 à 1,5 million d'années, des argiles brûlées témoignent sans doute du fait que l'homme a entretenu du feu à cet endroit[69]. Vers la même époque (1,4 million d'années) à Chesowanza, à l'est du Lac Baringo au Kenya, des plaques d'argile brûlée ont été interprétées comme le résultat de foyers que l'hominidé d'alors pouvait allumer, sinon entretenir. Ce gisement est d'ailleurs remarquable à plus d'un égard, puisqu'on y a découvert le crâne déformé d'un Australopithèque robuste associé à un outillage oldowayen évolué[70]. En Europe, les traces les plus anciennes ont été découvertes sur un sol daté entre 700.000 et 600.000 ans dans la grotte de l'Escale (couches B et G) dans les Bouches du Rhône en France. Quoiqu'on n'ait relevé aucune structure de combustion, l'origine intentionnelle de ces foyers ne saurait être mise en doute, étant donné

---

68 Les renseignements qui suivent, sauf référence précisée, proviennent de C. PERLÈS, *Préhistoire du feu*, Paris, 1977, pp. 13-26 et *Les premiers habitants de l'Europe. 1.500.000 – 100.000 ans*, Paris, 1983, pp. 84-106.

69 J. GARANGER dir., *o.c.*, 1992, p. 571.

70 J. GARANGER dir., *l.c.*

l'humidité de la grotte et la cuisson de l'argile du sol à l'emplacement des feux. Dans la couche B, une douzaine de ces foyers ont été notés contre la paroi nord de la grotte. Ils n'occupent pas un espace supérieur à 1 mètre carré ; dans la couche G, les foyers étaient localisés au sommet d'un monticule d'éboulis altérés. L'espace bien délimité de ces foyers constitue évidemment un argument supplémentaire en faveur de leur origine intentionnelle[71]. Dans le gisement de Prezletice, non loin de Prague, J. Fridrich et K. Sklenar ont relevé les traces d'un habitat sur une paléosurface (A 3) datée par paléomagnétisme entre 590.000 et 650.000 ans. Les fouilleurs ont mis au jour un bourrelet de terre, de pierres et d'ossements entourant une surface de 4 m x 3 m. A l'extérieur de ce bourrelet, ils ont noté la présence d'un foyer plat[72].

Il faut ensuite attendre plus ou moins 400.000 ans avant notre ère pour que l'usage du feu soit attesté sur une grande échelle. On en trouve alors les traces en Chine à Chou-Kou-Tien, en Europe à Vertesszöllös (Hongrie), à Torre in Pietra (Italie), à Terra Amata et à Lunel-Viel (France), et un peu plus tard au Proche-Orient à Jisr Banat Yaqub (Israël). Il s'agit de petites cuvettes creusées à même le sol (Terra Amata et Vertesszöllös) et parfois entourées de pierres (Chou-Kou-Tien et Lunel-Viel). Dans certains sites (Vertesszöllös, Chou-Kou-Tien), le nombre de cuvettes laisse peu de doutes sur les possibilités qu'avaient les hommes de cette époque de maîtriser le feu : il savaient l'allumer, l'entretenir, le transporter et l'utiliser à des fins techniques, comme nous le verrons avec les colorants et comme le montre une pièce de bois provenant du gisement de Torralba en Espagne, dont l'extrémité aurait été passée au feu afin de la durcir[73]. Cette application est du reste attestée, mais un peu plus tard, dans les gisements de Kalambo Falls (Zambie) et de Lehringen (Allemagne) où un fragment d'épieu en bois d'if durci au feu a été retrouvé en place entre les côtes d'un éléphant antique.

Une telle maîtrise du feu, qui permet à la fois la garantie de sa conservation et la possibilité de son utilisation à des fins diverses, ne laisse aucun doute quant à sa transmission au sein du groupe social. Comme le signale bien C.

---

71 E. BONIFAY, « Les premières industries du sud-est de la France et du Massif Central », in E. BONIFAY & B. VANDERMEERSCH, *Les premiers Européens*. Actes du 114e Congrès national des Sociétés Savantes (Paris, 3-9 avril 1989), Paris, 1991, pp. 71-72.

72 J. FRIDRICH, « A Lower Palaeolithic Settlement Site at Prezletice and the Finding of Dwelling Structure », in *Anthropologie*, Brno, XXV, 1987 ; K. SKLENAR, *The Lower Palaeolithic Dwelling Structure at Prezletice and its Significance*, in *Anthropologie*, Brno, XXV, 1987.

73 Voir à ce sujet C. PERLÈS, *o.c.*, 1977, pp. 102-123.

Farizy, la maîtrise du feu et du débitage levallois sont la marque *d'une indépendance nouvelle de l'homme face à l'environnement et du savoir-faire transmissibles par apprentissage – qui supposent un enchaînement de gestes et de concepts nouveaux, une possibilité d'abstraction et de prévision à court terme ; un lieu pour l'apprentissage, pour la transmission du savoir*[74]. Mais plus que l'indice du rôle social qu'il joue, le feu se révèle en fait être le centre de la vie sociale. Dès qu'il nous est connu, il est en effet « domestiqué », c'est-à-dire qu'il se trouve dans l'habitat et constitue le foyer au sens propre du terme, puisque toutes les activités de l'homme – cuisine, débitage des outils, durcissement du bois ... – viennent s'ordonner autour de lui. Et il apparaît donc non pas comme le moteur de la cohésion sociale, comme le suggère C. Perlès[75], mais comme le signe, sinon la preuve, d'une dimension sociale de l'homme déjà en place.

Mais le feu est également lié, dès ses origines, à une matière colorante – l'hématite de couleur rouge – qui témoigne, elle, de l'inscription originelle de l'homme au sein d'une culture[76]. La présence de matières colorantes à base d'oxyde de fer est attestée dès l'Acheuléen, tant en Afrique – à Olduvai[77] – qu'en Europe où on les trouve en Italie (à Isernia La Pineta sur un sol d'habitat daté de 750.000 ans), en France (Terra Amata, Achenheim), en Espagne (Ambrona, El Castillo) et en Tchéquie (Bečov). Les quantités retrouvées témoignent du fait que les exploitations minières devaient assurer la constance d'un produit dont on sent le besoin dans la fréquence des découvertes et dans l'importance de sa répartition. La preuve en est, du reste, apportée, mais plus tard, avec le site minier de Lovas en Hongrie, daté de la fin du Paléolithique moyen. Mais l'exploitation ne constitue qu'un des signes qui témoignent de la place qu'occupait cette matière aux yeux des Paléolithiques ; l'hématite était, en effet, l'objet d'une série d'activités qui devaient mobiliser l'ensemble du groupe. Exploitée abondamment, transportée parfois sur des distances de 400 km, préparée et stockée, l'hématite se retrouve, en outre, insérée dans les différents registres de la vie – et de la mort. On en

74 C. FARIZY, « Le Paléolithique ancien et moyen en Europe », in J. GARANGER dir., *o.c.*, 1992, pp. 314-315.

75 C. PERLÈS, *o.c.*, 1977, pp. 156-157.

76 Ceci a fait l'objet de deux publications dont j'extrais ici les éléments nécessaires et auxquelles je renvoie pour plus de détails : M. GROENEN, « Présence de colorants dans l'Europe paléolithique », in *Anthropologie et Préhistoire*, CII, 1991, pp. 9-28 ; id., « Colorants et symbolique au Paléolithique », in *La couleur*, Bruxelles, 1993, pp. 7-27.

77 J.D. CLARK, *The Prehistory of Africa*, London, 1970, p. 91.

trouve dans l'habitat, sur le sol (Bečov), dans les foyers (Terra Amata, Arcy-sur-Cure ...) dont l'homme a utilisé les vertus pour transformer limonites et goethites jaunes en hématite rouge. On la trouve encore, mais plus tard, dès le Paléolithique supérieur, dans les sépultures et comme matériau pour réaliser les œuvres d'art. Et ces différentes opérations sont soigneusement transmises : à l'instar de l'outillage lithique, on les retrouve non seulement à travers toute l'Europe, mais encore durant tout le Paléolithique. L'hématite fait donc partie intégrante de la **culture paléolithique** entendue comme ensemble de groupes ethniques porteurs d'un fonds culturel commun, dont l'économie de subsistance était axée autour de la chasse, de la pêche et de la cueillette. Pour ce colorant qui faisait l'objet de tant d'égards, le moins qu'on puisse dire est qu'il était chargé de valeur aux yeux des Paléolithiques. Par ailleurs, la volonté déterminée de transformer les oxydes de fer par le feu, en vue d'obtenir une couleur précise, fait dont on retrouve des indices à partir du Paléolithique ancien, implique l'accomplissement d'une série complexe de gestes soigneusement coordonnés, ainsi que leur transmission au sein des différents complexes culturels. De plus, l'obtention de ce produit fini, quel que soit l'usage qui ait pu en être fait, ne répond à aucune nécessité physiologique et n'a pas une portée immédiatement vitale – ce qui ne signifie pas qu'il n'en ait pas eu aux yeux des Paléolithiques. Enfin, en tant que ces gestes doivent avoir été prescrits, ils réclament nécessairement la médiation d'un langage et sont donc nécessairement investis d'une dimension symbolique.

La présence, dès l'Archanthrope, d'éléments non directement imposés par une exigence vitale, qui mettent en jeu l'ensemble du groupe et s'insèrent dans les différents registres de la vie quotidienne, indique à suffisance que cet être était déjà le créateur de ses besoins. Cela montre donc que le monde dans lequel il vivait était déjà un monde de sens, un monde non déterminé absolument comme l'est le milieu de l'animal, mais un monde institué symboliquement, bref un monde humain.

Ainsi donc, l'examen des traces qui nous sont parvenues des êtres de ces lointaines époques a dévoilé leur nature qui nous est apparue comme pleinement humaine. L'être qui a taillé l'outil et aménagé son habitat il y a plus de 2 millions d'années, celui qui a entretenu le feu il y a environ 1,4 million d'années et celui qui a utilisé l'hématite il y a 750.000 ans, est un homme à part entière, quelle que soit la place taxonomique qu'on lui a imposée. Et il ne saurait donc être question de voir dans l'histoire des hominidés une évolution qui nous mènerait d'une proto-humanité encore engoncée dans une animalité qui en est la source vers une pleine humanité qui se délesterait progressivement de sa charge animale ; l'articulation animalité-humanité se donne à penser dans les termes d'une différence radicale, intrinsèque et non comme une évolution de l'une vers l'autre. Une distance en abîme les sépare. Il n'est nullement question de rejeter toute évolution au niveau de l'homme. Nous le savons : il crée, il améliore, il enrichit son patrimoine ; mais il s'agit toujours – et depuis toujours – d'un patrimoine humain, c'est-à-dire d'un patrimoine traversé de part en part par sa **nature culturelle**.

2.5 La seconde aporie sociale

Nous avons vu qu'en dépit du fait qu'il reconnaissait en l'homme un être de culture, Leroi-Gourhan avait conservé dans son système de pensée une vision du monde irréductiblement partagée, dans laquelle un bloc de nature conservait son intégrité face aux actions dissolvantes de la culture. Les phrases sont, en effet, nombreuses qui trahissent une bipartition, plaçant côte à côte, en les laissant intacts, une « superstructure symbolique », une « pensée réfléchie », une « intelligence lucide » et la « réalité », les « objets du monde », le « milieu extérieur ». Or, notre analyse l'a montré, aucun regard vierge ne saurait cueillir la chose à la racine de son objectivité : **sujets et objets sont toujours déjà en interrelation**. L'homme qui voit le monde doit nécessairement déjà avoir été inclus dans ce monde, son regard ne peut donc être qu'une question posée sur le fond d'une réponse qu'il possède déjà formellement. Voir le monde, c'est déjà le reconnaître, c'est-à-dire y voir des choses dont j'ai déjà la connaissance. Et cette connaissance du monde ne me vient pas de quelque idée innée qui en cautionnerait la véracité, elle naît sur le sol constituant de l'institution symbolique dont nous avons essayé de mettre en évidence la structure synchronique en réseau symbolique et la structure diachronique en flux symbolique. Il n'y a donc pas une Idée de monde, un absolu mondain, il y a une infinité de mondes et j'habite l'un d'eux, et avec lui m'ont été donnés les critères permettant de définir la « vérité » et de circonscrire la « réalité ». Il suffit, pour s'en convaincre, de se demander quelle serait la réalité de la roue ou de l'électricité pour un homme du Paléolithique, ou, à l'inverse, quelle serait la réalité d'un galet de quartzite ou d'un rognon de silex pour le fonctionnaire ou l'industriel d'aujourd'hui. Aucune réalité extérieure ne fait donc face victorieusement à notre pensée réfléchie, puisque c'est notre pensée réfléchie qui pense quelque chose comme réel. Les dieux, les démons sont aussi « réels » pour l'homme d'autrefois que ne le sont les particules élémentaires pour le physicien d'aujourd'hui. Mais quelle est la réalité d'un proton ou d'un électron pour l'homme de la rue aujourd'hui ? Et la réalité de l'électron pour l'homme du laboratoire aujourd'hui, quelle sera-t-elle demain ?

Les critères de « réalité » et de « vérité » se donnent donc également au travers de l'institution symbolique, et à ce titre c'est l'homme lui-même qui se les donne. Mais comment, dans ces conditions, conserver d'une part un monde objectif dans lequel les objets s'offriraient comme des étants impersonnels, inertes et immuables, et d'autre part un monde subjectif qui ne pourrait qu'appréhender ces objets au travers d'états d'esprit, d'affects qui leur imposeraient une tonalité individuelle ? Il n'y a pas un monde objectif face à un monde subjectif, un monde universel face à un monde particulier, un monde nécessaire face à un monde contingent ; bref, un monde de nature face à un monde de culture. Il n'y a qu'un tout unitaire et cohérent.

Or, ce tout, et quoiqu'il ait été à l'origine de la vocation de son ethnologie préhistorique, Leroi-Gourhan ne réussit finalement pas à l'établir : la vision unitaire qu'il espérait donner reste déchirée. Et cette déchirure signe l'impasse ultime de son système social, car chacun des termes du couple nature-culture ne se donne qu'en renvoyant à l'autre dans une dialectique dont le mouvement ne se stabilise pas : le culturel puise ses sources dans un monde naturel auquel il renvoie, tandis que le monde naturel ne trouve à se stabiliser qu'au travers d'une forme culturelle à laquelle il ne peut donc que faire appel pour pouvoir être. On le voit, l'homme n'est pas ce tout harmonieux dont Leroi-Gourhan avait annoncé la fondation, il reste un être double, sorte de Janus dont l'un des visages serait de chair et l'autre d'esprit, avec ceci que, comme l'existence de l'un ne se fait que sur la base de celle de l'autre, non seulement Leroi-Gourhan ne parvient pas à dépasser l'opposition matériel-spirituel qui scande toute l'histoire de la philosophie et dont on trouve les échos jusque dans la science anthropologique[78], mais en outre il en perd les termes puisqu'aucun d'eux n'a reçu la fondation qui devait en garantir la pertinence.

78 Je rappelle que l'anthropologie se divise en deux secteurs dont l'un est l'anthropologie physique qui ressortit à la biologie et l'autre l'anthropologie sociale qui appartient aux sciences humaines.

Partie V

L'INTERPRÉTATION DE LA TECHNIQUE ET DU LANGAGE CHEZ LEROI-GOURHAN

1 LE GESTE ET LA PAROLE : DOUBLE FOYER D'UN MÊME ÊTRE

Après avoir passé en revue la dimension socio-culturelle de l'homme, dont on a vu qu'elle était véritablement constitutive de l'humanité pour Leroi-Gourhan, il nous faut maintenant examiner les caractères les plus fondamentaux de la production humaine. Et selon l'auteur, ils sont deux : le geste, c'est-à-dire le domaine technique, et la parole, c'est-à-dire la dimension symbolique. Nous avons vu que les archéologues avaient exhumé des outils vieux de plus de 2 millions d'années, qui signalaient l'existence, dès cette époque, d'un être qui ne pouvait qu'être humain. Mais ces documents indiquent, outre la nature de leur auteur – l'humanité –, une de ses qualités : celle d'être un **artisan**. L'être humain naît comme artisan, et cette qualité lui donne une importance par rapport aux autres êtres vivants, que l'histoire n'a pas démenti. Par son habileté, en effet, il *matérialise ce qu'il y a de plus anthropien dans l'homme* [I, 243]. Bien entendu, cet aspect n'est qu'un des deux pôles de l'homme : *celui de la main à l'antipode de la méditation* [I, 243]. Alors que les grands singes n'ont pas, dans leur appareil cérébral, ce qui leur permettrait d'élaborer un langage structuré, non plus d'ailleurs que la capacité physique de parler, l'homme est, en revanche, dès ses origines, en possession d'un cerveau capable d'organiser des sons et des gestes, et ce grâce à la libération du verrou iniaque qui a entraîné l'ouverture de l'éventail cortical dont a largement profité le cortex moyen.

Geste et parole sont donc des caractéristiques fondamentales de l'homme, en même temps, du reste, qu'elles en sont des données irréductibles. Irréductibles, mais non absolument isolées : il ne faudrait pas croire, en effet, comme une lecture superficielle pourrait le laisser penser, que l'auteur nous suggère qu'à travers l'artisan se libère un « faire » indépendant de toute pensée, de toute dimension symbolique, bref indépendant de tout « dire ». Car *si machinal que soit son comportement, il implique l'affleurement d'images, de concepts, la présence en pénombre du langage* [II, 60]. Et s'il est donc un piège que Leroi-Gourhan a évité, comme l'a bien noté A.M. Cirese, s'est d'avoir versé soit dans le pansémiotisme, pour lequel *l'œuvre de l'homme dans le monde s'identifie exhaustivement avec la production et la gestion des signes (ou symboles)*[1], soit dans le panfabrilisme, suivant lequel *le monde n'est ordonné que par le seul faire extra-symbolique : un faire qui préexiste au dire et qui peut exister sans même qu'il y ait de dire*[2]. Mais si l'attitude de Leroi-Gourhan nous apparaît comme très justement intermédiaire entre deux positions extrêmes, dont l'une – le panfabrilisme – serait soutenue, par exemple, par les marxistes, et l'autre – le pansémiotisme – par les structuralistes, il s'agit dès lors de caractériser la manière dont l'auteur a pensé leur articulation.

La position de Leroi-Gourhan apparaît en fait plus nuancée qu'il n'y paraît, car le faire et le dire ne sont pas simplement deux phénomènes que l'enracinement dans un fonds commun rendrait identiques, non plus d'ailleurs que deux éléments qui n'auraient de commun que leur origine et qui seraient individualisés au point de ne plus pouvoir entrer en relation ; le faire et le dire constituent en fait deux catégories fondamentales qui entretiennent entre elles des rapports qui les lient sans que pour autant elles se fondent l'une dans l'autre. Et peut-être plus que d'une « logique des distincts » dont parle A.M. Cirese[3] – l'exemple qu'il prend est celui de la pièce avec ses deux faces : *unies et pourtant toujours distinctes ; distinctes et pourtant toujours unies*[4] –, s'agirait-il de voir entre faire et dire une articulation en chiasme, c'est-à-dire un entrecroisement des deux sans que l'un ne se perde dans l'autre. Chacun est ce qu'il est, mais ne peut toutefois pas être considéré isolément, et ce précisément parce que ces deux catégories fondamentalement constitutives de l'humanité trouvent à s'enraciner dans un foyer originel commun : *il n'existe pas deux faits typiquement humains dont l'un serait la technique et l'autre le langage, mais un seul phénomène mental, fondé neurologiquement*

1 A.M. CIRESE, « Homo faber, Homo loquens », in *André Leroi-Gourhan ou les Voies de l'Homme*, Paris, 1988, p. 194.

2 A.M. CIRESE, *l.c.*

3 A.M. CIRESE, *o.c.*, 1988, p. 196.

4 A.M. CIRESE, *o.c.*, 1988, pp. 194-195.

sur des territoires connexes et exprimé conjointement par le corps et par les sons [II, 260]. C'est dire, comme l'a d'ailleurs bien vu Leroi-Gourhan, que la création d'un outil ne saurait se faire sans l'existence conjointe d'un langage : dans la mesure même où l'outil s'inscrit toujours comme projet, sa réalisation, comme nous allons le voir, ne peut être qu'à travers la sollicitation, l'interpellation du langage.

2 STÉRÉOTYPES OU TRADITIONS ?

Pourtant, si la technique et le langage sont liés, si donc l'outil ne peut naître que dans l'environnement du langage, comment comprendre leur existence au sein des plus anciens hominidés, c'est-à-dire au sein de cette humanité que Leroi-Gourhan nous présente comme encore toute zoologique ? Doit-on imaginer que leur évolution ait été différente et que le langage ait été moins astreint à cette « matière zoologique » que la technique, ou au contraire imaginer que le langage ait toujours été logé à la même enseigne que la technique et admettre, dans ce cas, que les plus anciens Anthropiens possédaient un langage qui, à l'instar de la technique, se serait trouvé tout entier astreint au génétique ? Le doute n'est guère possible : dans la mesure où langage et technique trouvent leur origine sur des territoires corticaux qui sont apparus simultanément et ont évolué parallèlement, ceux-ci ne peuvent avoir eu qu'une origine et un développement communs.

Bien entendu, Leroi-Gourhan ne peut admettre que le langage ait tout entier été déterminé génétiquement – aucune confusion n'est bien entendu possible entre les chants du grillon et le langage humain –, et c'est par un salutaire tour de passe-passe que l'auteur arrive à se tirer d'affaire. Entre le biface de l'Archanthrope et l'éclat levallois des derniers Paléanthropes, il n'y a pas, comme l'auteur le suggère, une évolution lente et continue, mais **un saut entre deux types d'outils qualitativement distincts**, puisque chez les premiers *l'outil reste une émanation directe du comportement spécifique* [I, 140] dont on sait qu'il est déterminé par la mémoire génétique, alors que chez les seconds il est le fruit d'un acte délibéré dont les gestes sont stockés dans la mémoire sociale. Or, ce saut qualitatif ne s'observe pas au niveau du langage qui ne peut être – et pour cause ! – que d'emblée « extérieur » par rapport à un quelconque conditionnement génétique : le langage humain implique non seulement le social, mais il est en outre indissociable de la dimension symbolique, et Leroi-Gourhan doit lui-même en convenir : *le*

Zinjanthrope … livre alors un langage … constitué par des ***symboles*** *disponibles et* ***non pas totalement déterminés*** [I, 164 – moi qui souligne].

Le langage est donc d'emblée un langage constitué, et son évolution ne peut se faire que de façon continue et par affinements progressifs, à la différence de la technique qui ne deviendrait vraiment humaine que tardivement, à l'aube des Néanthropes ou peu avant. C'est donc une fois encore à une confusion entre degré et nature que nous sommes confrontés, et cette confusion témoigne d'un « décalage » entre technique et langage que refuse pourtant leur commune origine. Le problème qui se pose touche directement la notion de stéréotype telle qu'elle a été proposée par Leroi-Gourhan, et il va falloir, pour cette raison, s'attacher à l'examiner de près.

Au terme d'un examen d'ensemble, Leroi-Gourhan est arrivé à mettre en évidence, pour chaque type d'hominidés, un niveau technique déterminé, matérialisé par des types d'outils caractéristiques. Mais pour les premiers hominidés, qui se trouvent encore être déterminés par leur patrimoine phylétique, l'outil ne peut qu'apparaître *comme une véritable sécrétion du corps et du cerveau* [I, 132], et il est donc logique de penser, selon l'auteur, qu'il a pu exister des types d'outils constants – les stéréotypes – à chaque type humain, puisque l'outil est, au même titre qu'un organe, une production physiologique[5]. En outre, l'évolution de chaque type humain doit immédiatement se refléter dans l'outillage lithique. Et pour l'auteur, c'est bien la situation devant laquelle on se trouve placé, puisque les Australanthropes nous ont laissé comme type d'outils des galets aménagés qui laissent la place, avec les Archanthropes, aux bifaces et aux hachereaux puis, avec les Paléanthropes, à l'outillage de technique moustéro-levalloisienne, chacune de ces formes évoluant de façon continue vers la suivante.

Cette double conclusion place cependant Leroi-Gourhan dans une situation inconfortable, car, en tant qu'il est production d'un être vivant, l'outil doit trouver sa justification au sein de cette matière zoologique dans laquelle il puise son existence, mais par ailleurs il devrait être, comme le langage, l'instrument, humain par excellence – *il y a un abîme insondable entre l'acte du singe emmanchant deux bambous pour monter sur une caisse et décrocher une banane et le geste de fabrication du Zinjanthrope* [I, 117] –, au moyen duquel l'homme s'assure la mainmise sur le milieu dans lequel il se trouve.

En réalité, cette double position trahit à nouveau le point de vue partagé que Leroi-Gourhan s'attache à concilier mais sans succès possible, car sans

5 Cf. supra, II, 4.2.

s'en rendre compte l'auteur met côte à côte deux notions qui s'excluent mutuellement. Dans le premier cas, en effet, l'outil est appréhendé comme résultant d'un **comportement entièrement déterminé** puisque seul le bagage phylétique explique sa constance, tandis que dans le second cas il est vu en tant que **médium qui assure à l'homme la réalisation de ses projets**. Et comme tel, il rentre dans le projet humain : il sert à sa réalisation, c'est-à-dire qu'il assure l'actualisation comme *res* du but qui a été visé. Cette actualisation d'un but déjà anticipativement atteint se fait, on l'a vu, en ramenant le but anticipativement atteint vers soi. Or, ce mouvement d'amener-à-soi ne peut se faire qu'au gré d'une comparaison incessante du but qui s'atteint avec le but déjà anticipativement atteint ; c'est-à-dire que ce mouvement d'amener-à-soi le but anticipativement atteint s'effectue dans le sens d'une **conduite** : par l'outil, l'homme conduit le but anticipativement atteint vers sa réalisation.

Mais cette notion de conduite implique celle, corollaire, d'ajustement : faire se réaliser le but que l'on veut atteindre demande que l'on ajuste sans arrêt le but qui s'atteint au but anticipativement atteint. Or – et Heidegger l'avait déjà bien vu dans ses analyses sur l'animalité[6] –, à l'inverse de la manière (déterminée) d'être (Benehmen) – entendons le comportement – qui suppose une **fermeture** de l'animal à ce qui n'est pas lui-même, la manière (déterminante) d'être (Verhalten) – entendons la conduite – qui caractérise l'homme implique une « relation à », c'est-à-dire une **ouverture** fondamentale au monde. Avec le comportement, les facteurs qui le motivent sont seuls pris en compte, alors que tout ce qui déborde la séquence comportementale, ce qui lui est périphérique, n'a pour lui aucune existence. L'animal est donc fermé à ce qui est extérieur à ses déterminités, à l'inverse de la conduite humaine qui est, elle, caractérisée par l'adaptabilité. Cette situation d'ouverture est bien, du reste, celle qui ressort de l'examen typologique et tracéologique des outils. L'homme a pu tirer de la matière informe un foisonnement de formes répondant à l'action qu'il voulait accomplir ; mais en outre, aucune nécessaire déterminité ne semble marquer l'outil dans l'usage qu'il en a fait, puisque l'outil a pu être, au gré des situations rencontrées, tout à la fois couteau, scie, racloir et perçoir.

Mais cette universalité des usages de l'outil ne résout pas tous les problèmes, et si l'on veut bien se souvenir que pour Leroi-Gourhan *l'Australanthrope, lui, paraît bien avoir possédé ses outils comme des griffes* [I, 151], elle semble au contraire les renforcer, car la diversité des tâches

6 M. Heidegger, *Die Grundbegriffe der Metaphysik, Welt-Endlichkeit-Einsamkeit*, Frankfurt, 1983, pp. 344-347.

susceptibles d'être accomplies est également une caractéristique des griffes animales. Et il va donc falloir essayer, à présent, de mettre en évidence ce qui distingue les griffes de l'outil.

A cet égard une première remarque s'impose : de la patte à la griffe, il n'y a qu'un. Les griffes appartiennent à la patte et la patte aux griffes, ce qui signifie que sans les griffes la patte est incomplète. L'ensemble est, en effet, le fruit d'une longue « histoire » – celle de la phylogenèse des félins – qui a donné à la suite d'une série de convergences évolutives, un organe qui s'est spécialisé pour la chasse. Il suffit, pour s'en rendre compte, d'observer un chat qui joue : il saisit l'objet et le manipule au travers d'une séquence gestuelle dans laquelle sont coordonnés les mouvements des pattes et la présence des griffes. Aucune distance ne sépare les deux, l'ensemble fonctionne unitairement ; l'un et l'autre ne forment, à proprement parler, qu'un seul organe. L'outil, quant à lui, est extérieur à la main, non pas au sens où il s'en serait libéré – ce qui rejoindrait la position de Leroi-Gourhan selon laquelle il en viendrait –, mais au sens où il en est indépendant : **l'outil est un corps étranger que la main doit prendre**. A l'inverse de l'organe immédiatement fonctionnel, la main doit entrer en relation avec l'outil qu'elle va utiliser, elle doit **s'adapter** à l'outil, et là se trouve la différence essentielle qui les sépare. En tant qu'il est intégré dans un projet, l'outil est produit pour faire quelque chose. Comme l'avait noté Heidegger[7], à l'inverse de l'organe, l'outil n'a lui-même aucune aptitude (Fähigkeit), mais il possède une utilité parce qu'il a été apprêté (fertig) en vue de quelque chose, et de cet apprêt (Fertigkeit) dépend précisément la satisfaction de ce que l'on en attend. L'outil a donc comme caractéristique d'avoir été fait en fonction d'une tâche à accomplir, et cette tâche réclame de l'outil qu'il soit manipulé de façon adéquate. Il n'est donc outil qu'à la condition d'en connaître le mode d'emploi. Un marteau ne prend son sens de marteau que lorsqu'il est soumis à l'action de marteler ; de même le rabot ne prend-il tout son sens que lorsqu'il se trouve inclus dans une série d'opérations complexes qui doivent être rigoureusement enchaînées et qui commencent avec la détermination du sens des fibres du bois – celui qui ne pourrait pas déterminer le sens des fibres risquerait de raboter à contre-sens, ferait « plonger » la lame et n'arriverait qu'à arracher des copeaux –, se poursuit avec le réglage de la lame et se termine avec la manière de « lancer » le rabot. C'est dire que le mode d'emploi qui donne à l'outil son ustensilité doit être strictement codifié. L'outil est donc un ustensile qui doit être manipulé d'une certaine manière en

7 M. HEIDEGGER, *o.c.*, 1983, pp. 319 sq.

vue de produire un certain résultat – *l'outil est essentiellement « quelque-chose-pour »*[8] –, et l'ensemble doit faire l'objet de prescriptions si l'outil veut conserver son statut. Ces remarques touchent, du reste, particulièrement les outils paléolithiques pour lesquels la tracéologie a mis en lumière depuis peu les erreurs d'interprétation que bien des catégories typologiques charriaient.

Gestes codifiés, usages prescrits montrent bien entendu que l'ustensilité de l'outil est nécessairement symboliquement instituée, et, comme l'a noté M. Richir, l'outillage lithique ne pouvait donc que relever de l'institution symbolique[9]. Un pas supplémentaire peut cependant encore être fait si l'on veut bien réfléchir sur ce que l'outil implique. Nous l'avons vu, il est, de manière fondamentale, un instrument conçu en vue de la réalisation de quelque chose, et comme tel il ne saurait être considéré isolément : l'outil n'est, en effet, qu'à travers un ensemble d'éléments auquel il renvoie. Le marteau renvoie au clou, mais aussi aux éléments que l'on va clouer, ou encore à la tenaille qui permettra de retirer le clou ; et tous ces objets renvoient eux-mêmes aux matériaux ou aux autres outils qu'il a fallu pour les fabriquer. Pour autant que l'on puisse en juger, cette situation est ancienne. L'outil en pierre taillée lui-même renvoie, par exemple, au manche auquel il était fixé, mais aussi aux instruments ayant servi à leur fabrication – enclume, percuteur, retouchoir ... – ou à la résine fixatrice dont on commence à soupçonner la complexité des préparations[10]. Comme structure de renvoi, l'outil met donc en cause d'autres éléments, d'autres outils qui relèvent évidemment eux aussi de l'institution symbolique, et il ne peut donc que se donner depuis le réseau symbolique de la culture.

Mais s'il fait partie intégrante du réseau symbolique de la culture, l'outil est forcément entraîné par un devenir. En même temps que l'outil, les gestes adéquats et le sens dont il est traversé se transmettent : certains acquis se transforment, des gestes s'améliorent, optimalisent son rendement ; aux nouveaux gestes répondent parfois des modifications de l'outil lui-même, et de modifications en modifications de nouvelles formes apparaissent. Bref, l'outil est pris dans le flux symbolique de la culture et, comme tel, possède une véritable historicité dont la profondeur est, à l'instar d'autres facteurs culturels, matérialisée dans une tradition.

---

8 M. HEIDEGGER, *Sein und Zeit*, Frankfurt, 1967, p. 68.

9 M. RICHIR, *Phénoménologie et Institution Symbolique (Phénomènes, Temps et Etres II)*, Grenoble, 1988, p. 276.

10 J. ALLAIN et al., « Le Magdalénien à navettes », in *Gallia Préhistoire*, XXVIII, 1, 1985, pp. 43-49.

Mais que l'outil s'inscrive au sein d'une tradition qui en révèle la profondeur historique n'est pas sans intérêt pour notre propos. Cette interprétation nous invite, en effet, à une relecture des « stéréotypes physiologiques » proposés par Leroi-Gourhan : le chopper ou le biface ne sauraient résulter d'aucun programme prédéterminé, d'aucune séquence phylogénétiquement commandée, d'aucune nécessité interne à l'organisme ; ils sont des outils faits par l'homme et pour l'homme et qui, en tant que tels, s'inscrivent au sein d'une tradition. Il n'y a rien ici qui puisse nous surprendre ; nous l'avons vu, aucune césure ne saurait scinder l'humanité en deux portions distinctes. S'il y a eu différents hominidés – et cela est une réalité indiscutable – ils étaient tous humains, et à ce titre, galets aménagés, bifaces et hachereaux appartiennent à des traditions de la même manière que notre couteau s'inscrit dans une tradition qui remonte à l'Age du Bronze, que la hache appartient à une tradition qui remonte au Néolithique et que le racloir trouve sa place dans une tradition dont on peut suivre les traces jusqu'au Paléolithique inférieur. Et ces traditions résultent d'un choix. L'homme a retenu certaines formes, certaines particularités, pour leur performance, il a préféré certains outils au détriment des autres : l'examen le confirme. Car contrairement à ce qu'a pu prétendre Leroi-Gourhan, les époques anciennes n'ont pas livré que des types déterminés d'outils, et une même époque n'a pas systématiquement fourni un seul type d'outil : bifaces et hachereaux, « stéréotypes archanthropiens », apparaissent déjà avec *Homo habilis* à Garba IV (1,5 million d'années)[11] et se retrouvent encore au Paléolithique moyen[12]. D'autre part, le hachereau est essentiellement limité à l'Afrique et à l'Espagne ; ailleurs, sa présence, bien qu'exceptionnelle, est cependant attestée en France et en Asie dans l'Acheuléen indien[13]. Enfin, le biface est inconnu dans le Choukouténien de Chine, mais présent dans les sites de la Civilisation de Fenho qui lui est pourtant apparentée[14]. D'autre part, le débitage Levallois, « stéréotype paléanthropien », est largement attesté dès l'Acheuléen moyen[15], c'est-à-dire à l'époque des Archanthropiens. Quant à sa présence dans le Paléolithique moyen – au temps des Paléanthropes –, elle est elle-même problématique : alors que le débitage Levallois provient majoritairement des sites de plein air, il est pratiquement inexistant dans les grottes où les outils de facture moustérienne le remplacent.

11 *Origine et évolution de l'homme*, Paris, 1982, p. 114.

12 A. LEROI-GOURHAN, *Dictionnaire de la préhistoire*, Paris, 1988, p. 128, *s.v.* « biface ».

13 A. LEROI-GOURHAN, *o.c.*, 1988, p. 462, *s.v.* « hachereau ».

14 A. LEROI-GOURHAN et al., *La préhistoire*, Paris, 1977[3], pp. 81-82.

15 J.-P. MILLOTTE & A. THÉVENIN, *Les racines des Européens. Des origines aux Celtes*, Paris, 1988, p. 55.

Le contraste est tellement marqué qu'on a pu penser que ces deux types de débitage avaient été réalisés par les mêmes personnes, mais à des saisons différentes[16]. Enfin, les Néanthropes n'ont pas davantage le privilège exclusif des outils sur lame, et je rappelle que dans le site éthiopien d'Omo 123 ont été découverts ensemble des galets aménagés, des nucléus, des éclats, des lames et des lamelles dans des limons datés de 2 millions d'années[17], au moment où seuls Australopithèque et *Homo habilis* occupent la scène du monde.

Mais l'insertion du technique au sein d'un contexte de tradition éclaire un autre problème d'importance : celui de l'articulation de la technique par rapport au langage. Nous l'avons vu, chez Leroi-Gourhan, technique et langage ne sont pas deux phénomènes isolés ; l'une et l'autre s'enracinent dans un foyer originel qui les a rendus possibles. Si bien que ces deux caractères fondamentalement humains sont présents, mais de façon élémentaire, dès le départ du rameau humain. Pour Leroi-Gourhan, *il y a possibilité de langage à partir du moment où la préhistoire livre des outils, puisque outil et langage sont liés neurologiquement et puisque l'un et l'autre sont indissociables dans la structure sociale de l'humanité* [I, 163]. Ils ont d'ailleurs évolué de concert et subi le même phénomène d'extériorisation. Or, quoi que l'auteur en pense, le symbolique et le technique ne peuvent pas être envisagés comme deux phénomènes qui occuperaient un même niveau ontologique. Si la technique doit se comprendre comme toujours déjà inscrite au sein d'une tradition, elle ne peut, pour être, que faire appel à un langage. La technique ne peut donc que se donner depuis le symbolique qui en constitue proprement l'horizon d'existence.

Ainsi donc l'homme, devant les tâches à accomplir, a mis au point des solutions qui ont trouvé leur forme matérielle dans des outils dont la variété témoigne assez de son pouvoir de créativité, et ce pouvoir n'est pas propre, nous l'avons vu, aux derniers Hominidés ; il est déjà en place avec l'hominidé, quel qu'il soit, qui a réalisé, il y a plus de 2 millions d'années, les premiers outils en pierre taillée que nous possédons. L'outil se crée en fonction des besoins et les besoins sont déterminés par l'homme. L'outil, pour cette raison, est susceptible de connaître une infinité de variantes possibles ; dans l'histoire humaine, la récurrence formelle se donne donc à penser comme production de l'homme, et non comme le fait de déterminités phylogénétiquement inscrites en lui.

16 A. LEROI-GOURHAN *et al., o.c.*, 1977[3], pp. 97-98.

17 *Origine et évolution de l'homme*, Paris, 1982, p. 114.

3 LA TECHNIQUE ET L'HOMME

3.1 Technicité et liberté

Nous avons vu que, pour Leroi-Gourhan, langage et technique étaient nécessairement tous deux présents dès lors qu'il y avait homme. A un langage que nous avons vu qualitativement humain dès le départ devait donc – nous l'avons montré ensuite – répondre une technique également humaine. Il nous faut cependant pousser plus loin encore nos investigations, car l'analyse s'est jusqu'à présent portée exclusivement sur les manifestations techniques, présupposant donc – mais sans l'avoir fourni – un examen des caractères intrinsèques de la technique, c'est-à-dire un examen de la technicité. Or, comme l'a souligné B. Martinelli, il n'y a pas d'étude sur la technique possible sans une interrogation préalable sur la technicité[18]. Il faut noter le rôle décisif et précurseur que Leroi-Gourhan a joué à cet égard. La systématique technologique qu'il a proposée, dès 1943, a très justement trouvé sa valeur en tant que point de départ à des réflexions sur la nature même de la technique. Fidèle à sa démarche générale, l'auteur, pour affermir sa réflexion sur la technicité, sollicitera d'ailleurs non pas la technique elle-même mais la paléontologie. Si la technique prend chez l'homme une dimension tout à fait originale – *la technicité ... est un phénomène précoce chez les Anthropiens et ... elle a un caractère unique dans toute la famille* [I, 123] –, elle trouve, en effet, son explication dans des caractères biologiques qui se précisent davantage au fil de l'évolution des grandes formes du vivant. La condition de possibilité de la technique est, en effet, la libération de la main qui résulte elle-même du redressement postural. Or celui-ci, en même temps qu'il libère la main des contraintes de la locomotion, permet aussi une forte diminution des contraintes musculaires autour du crâne, laquelle entraîne sa progressive pneumatisation et le développement corollaire du cortex moyen. Et Leroi-Gourhan va *reprendre, sous l'angle particulier de la technicité, la confrontation entre la fonction et l'organe*[19].

---

18 B. MARTINELLI, « Après André Leroi-Gourhan : les chemins de la technologie », in *André Leroi-Gourhan ou les Voies de l'Homme*, Paris, 1988, pp. 75 sq.

19 A. LEROI-GOURHAN, « Technique et société chez l'animal et chez l'homme », in *Originalité biologique de l'homme*, Paris, 1957, p. 13 et id., in *Le fil du temps, o.c.*, 1983, p. 112.

Si l'on se place au niveau le plus général, l'homme s'inscrit dans la série fonctionnelle dans laquelle se trouvent la grande majorité des animaux, et qui présente des organes des sens groupés aux alentours de l'orifice buccal. Ceux-ci sont assistés par des organes de préhension constitués par les éléments antérieurs d'un dispositif de locomotion disposé de façon symétrique le long d'un axe longitudinal. Quoique présent chez tous les vertébrés, ce dispositif fonctionnel se retrouve avec des variantes qui résultent de spécialisations évolutives. Ainsi, les herbivores, dont le dispositif locomoteur s'est spécialisé pour la marche rapide et qui se sont vus dotés d'outils faciaux, forment-ils, par rapport aux autres mammifères dont la main est devenue un dispositif préhenseur, un groupe fonctionnellement distinct. En effet, l'homme – et à l'instar des rongeurs, des félins, des marsupiaux et des primates … – a été doté d'un organe à saisir et à manipuler. A cet égard, Leroi-Gourhan constate que *l'usage technique de la main entraîne pour tous les animaux considérés une évolution posturale importante : l'acquisition de la station assise qui libère les membres antérieurs*[20]. Or, cette conclusion a de quoi surprendre, puisqu'elle nous apprend que la technicité manuelle est au départ d'une évolution posturale qui seule a néanmoins pu la rendre possible puisque, comme l'auteur s'est attaché à le montrer, le redressement postural a libéré la main – et le cerveau, dont le rôle dans la technicité est évidemment capital – de son astreinte à la seule locomotion en la rendant ainsi disponible pour des manipulations diverses. Ce cercle vicieux nous rappelle que le point de vue de Leroi-Gourhan reste irrémédiablement partagé : la position de l'ethnologue aurait, en effet, tendance à interpréter ce qu'il étudie au départ d'un homme constitué, mais le biologiste, à l'inverse, s'attache à comprendre ce qu'il observe au départ du monde animal.

Quoi qu'il en soit, l'important est que la main libérée chez certains vertébrés annonce la vocation technique de cet organe précieux dont on trouve, chez les Primates en général et chez les singes en particulier, le premier exemple d'un champ de relations véritablement centré sur les actions manuelles – les quatre mains du singe se sont entièrement constituées en organes de préhension. Et en tant qu'il s'inscrit au rang des Primates, l'homme ne peut que mettre en jeu une technicité qui, pour lui être certes particulière, doit s'élucider à la lumière de ce cadre général : *l'originalité organique des Anthropiens se traduit par un dispositif fonctionnel dont on peut trouver la plupart des éléments dans le monde animal, mais dont le*

20 A. LEROI-GOURHAN, *o.c.*, 1957, p. 16 et id., *Le fil du temps, o.c.*, 1983, p. 114.

groupement synergique est uniquement humain[21]. L'homme est, en effet, le résultat d'un paradoxe évolutif qui se traduit dans le fait que son pied a évolué dans le même sens que les animaux marcheurs, alors que sa main a évolué vers un organe exclusivement préhenseur. De même, le champ de relations de l'homme conserve, comme chez la plupart des animaux, une technicité partagée entre la main et la face, *mais cette technicité revêt une nature spécifiquement originale, puisque le pôle facial est cérébralement adapté à l'émission de sons organisés*[22].

L'homme s'affirme donc comme le cas particulier qui trouve sa justification au sein du général dont il est issu. Mais si tel est bien le cas, en quoi consiste alors la particularité de la technicité humaine ? Elle consiste dans le double fait que l'outil humain est *amovible* et que ses caractéristiques sont *non pas spécifiques mais ethniques* [II, 36]. A la différence de l'animal pour lequel *l'outil et le geste se confondent en un seul organe* [II, 35] – l'exemple donné par Leroi-Gourhan est celui de la pince du crabe –, chez l'homme *l'outil manuel est devenu séparable du geste moteur* [II, 41].

Cette particularité, qui caractérise la technicité humaine, est cependant beaucoup plus problématique qu'il n'y paraît, et il va falloir s'y arrêter quelque peu. Nous avons vu que Leroi-Gourhan s'était attaché à faire de la technicité humaine le cas particulier d'une nécessité dont on trouve, pour cette raison, les échos dans l'ensemble du vivant : l'être vivant, quel qu'il soit, doit se nourrir et se défendre contre les agressions extérieures, et il faut qu'il soit « outillé » pour le faire. L'homme ne fait évidemment pas exception ; la seule différence qui le sépare des autres animaux est qu'il s'est spécialisé dans la non-spécialisation : son cerveau est resté apte à tout penser et sa main apte à tout faire, avec ceci comme résultat que le cerveau vide et la main vide ont chacun à se remplir pour assurer à l'individu sa fonctionnalité, ce remplissage se faisant, on l'a vu, au départ du super-organisme social. Rien ne change donc en ce qui concerne l'homme, sinon que l'outil et la mémoire qui rend son utilisation possible se sont extériorisés : *les coupures socio-culturelles qui font que telle opération technique est typiquement néo-calédonienne dans son déroulement comme dans son outillage ont simplement remplacé les coupures psycho-zoologiques qui rendent typiques de telle espèce animale ses opérations et l'appareillage qui les traduit* [II, 36].

Or, et quoi qu'en dise Leroi-Gourhan, le passage de l'un à l'autre n'est pas aussi simple qu'il n'y paraît, et l'on peut se demander dans quelle mesure

21 A. LEROI-GOURHAN, *o.c.*, 1957, p. 18 et id., *Le fil du temps, o.c.*, 1983, p. 116.
22 A. LEROI-GOURHAN, *o.c.*, 1957, p. 21 et id., *o.c.*, 1983, p. 118.

l'auteur compare deux choses qui peuvent l'être, car en définitive rien ne les relie. C'est que la technicité humaine n'est pas une réponse à des exigences physiologiquement vitales. Les matières colorantes à base d'oxyde de fer font appel, dès qu'on les trouve (Isernia la Pineta, Terra Amata ...), à une très haute technicité qui se marque dans les diverses opérations dont elles ont fait l'objet[23] : repérage des sites, extraction minière mais aussi cuisson des oxydes de fer jaunes dans des récipients de pierre pour en contrôler la couleur, broyage soigneux des colorants dans des mortiers au moyen de molettes ... De même, le feu, qui implique une réelle technologie, ne semble pas avoir été inventé, comme on le pense encore trop souvent, pour répondre au froid destructeur. Dans la grotte de l'Escale, les premiers foyers ont été repérés sur un niveau d'éboulis altérés (couche G), de couleur rouge, à calcaire lacustre et travertins avec des graines de micocoulier (*Celtis*). Cette couche contenait des restes de cervidés (*Praemegaceros verticornis*), de suidés (*Sus sp.*), de macaques (*Macaca florentinus*) et de tortue terrestre (*Testudo sp.*), qui indiquent un climat chaud et sec. Dans la couche B du même site, formée d'éboulis altérés de couleur brun rougeâtre avec des limons argileux, on a découvert des restes de cervidés (*Praemegaceros verticornis*), d'ours (*Ursus deningeri*), de macaque (*Macaca florentinus*) et de grande tortue terrestre (*Testudo sp.*), ainsi que des graines de micocoulier (*Celtis*), qui indiquent également un climat tempéré mais humide[24]. De même à Terra Amata, le groupe d'hominidés qui a allumé les feux a vécu là – d'ailleurs assez peu de temps – dans une température clémente. La faune découverte comprend, entre autres, l'éléphant antique, l'ours, le sanglier, le bœuf (*Bos primigenius*) et le cerf élaphe ; la flore est très arbustive, avec des espèces caractéristiques des étages montagnards tels que l'épicéa (*Picea*), le pin sylvestre (*Pinus sylvestris*), le hêtre (*Fagus*), etc., et des essences thermophiles telles que des oléacées, le pistachier (*Pistacia*), le charme oriental (*Carpinus orientalis*), etc. ; enfin, l'analyse des pollens récoltés dans les coprolithes humains montre que ces hominidés ont séjourné à cet endroit à la fin du printemps ou au début de l'été[25]. L'outil lui-même, enfin, ne peut pas être compris comme une réponse à des exigences strictement vitales : il n'est pas, nous l'avons vu, un exsudat de l'organisme. Il est extérieur par rapport à la main qui doit le manipuler, et cette extériorité implique la séparation de l'outil à manipuler et

23 M. GROENEN, *o.c.*, 1991, pp. 9-28.

24 E. BONIFAY, « Les premières industries du sud-est de la France et du Massif Central », in E. BONIFAY & B. VANDERMEERSCH, *Les premiers Européens*. Actes du 114e Congrès national des Sociétés Savantes (Paris, 3-9 avril 1989), Paris, 1991, p. 72.

25 *Les premiers habitants de l'Europe. 1.500.000 – 100.000 ans*, Paris, 1983, pp. 85-97.

du geste qui le manipule. Or, cette amovibilité de l'outil est due à la fois à son autonomie et à son indépendance. L'outil est, en effet, à lui-même sa propre norme par le projet dont l'homme l'a investi et qui lui donne à être ce qu'il est ; mais il est également indépendant au double sens où il n'est pas le prolongement d'un organe et où il peut subir des adaptations dans les usages auxquels on le soumet. Les premiers outils en pierre taillée d'Afrique et d'Europe sont là pour en apporter la confirmation.

Mais cette autonomie et cette indépendance qui caractérisent l'outil sont l'indice de ce qu'il ne peut être qu'au départ de l'inventivité. La technicité n'est présente chez l'homme que parce qu'il s'est affranchi des séquences comportementales et s'est ouvert au symbolique. Tant qu'il y a comportement, il ne peut y avoir que des chaînes d'actes stéréotypées, qui peuvent certes se combiner entre elles et fournir des séquences originales, mais qui ne peuvent pas se dégager des déterminités phylétiques en constituant la base. Une fois ces déterminités phylétiques dépassées, l'être humain **est comme individu en tant qu'il appartient à une ethnie** – et non plus en tant qu'espèce. Bien entendu, l'individualité est coextensive de la dimension sociale : l'homme est entièrement autonome, il est un individu à part entière ; mais cette individualité se donne depuis la culture dans laquelle il trouve sa place. Cette culture n'est cependant pas déterminante au sens où l'individu n'aurait pas d'autre alternative pour pouvoir exister que d'être totalement géré par elle. Tout au contraire, **l'individu s'appartient**, c'est-à-dire qu'il a à participer – certes, à son insu – à l'élaboration collective du sens de l'existence et qu'il est inscrit dans **une** expérience des choses. Cette expérience personnelle, que l'individu thésaurise durant son existence, correspond à une mise en forme et en sens du monde (dans lequel il se trouve) pour son propre compte. L'individu s'insère dans un monde qui lui est donné et qui correspond à ce que nous appelons une culture. Et l'expérience personnelle de cette insertion est évidemment capitale pour la technique : on ne s'improvise pas chasseur, cultivateur ou forgeron. Mais l'acquisition d'une expérience personnelle implique que l'individu ne soit pas emprisonné par le monde. Au sein d'une culture, en effet, l'apprentissage n'est pas un dressage, ce que la philosophie moderne exprimera en montrant que les formes de l'hétéronomie supposent une autonomie. Comme Fichte s'est attaché à le montrer, *un être raisonnable fini ne peut pas se poser lui-même sans s'attribuer une libre causalité*[26]. Cette auto-détermination montre donc la

26 J.G. FICHTE, *Fondement du droit naturel selon les principes de la doctrine de la science (1796-1797)*, Paris, 1984, p. 33 (théorème premier).

qualité essentielle de l'individualité : la **liberté**. Cette interprétation fichtéenne en termes d'auto-détermination renvoie, en somme, à ce que le langage commun nomme la liberté.

Ainsi donc, la technicité ne s'établit pas au départ d'une animalité qui en constituerait la lointaine condition de possibilité ; technicité humaine et comportement animal appartiennent à deux registres distincts comme l'a d'ailleurs fort bien montré Robert Legros[27]. Alors que l'animalité se donne à penser depuis des séquences comportementales dont l'acquis est signifiant au niveau spécifique, la technicité se constitue chez les Anthropiens – comme quelque chose de neuf et d'unique dans le règne animal – sur la base d'une liberté, qu'il ne faudrait pas interpréter comme un pouvoir souverain ou arbitraire qui posséderait l'homme. Comme l'a dit Heidegger : *l'homme ne « possède » pas la liberté comme une propriété, mais tout au contraire : la liberté (…) possède l'homme*[28]. Il faut rappeler, à cet égard, l'importance que Leroi-Gourhan accorde à la notion de libération. Celle-ci apparaît finalement comme centrale pour rendre compte d'une liberté que l'auteur essaie en vain de prendre en charge, puisque les libérations successives par rapport aux contraintes du milieu ont seules permis l'existence d'un être bipède dont la main est libre de tout faire et le cerveau de tout penser. Or, ne nous y trompons pas : la libération n'est pas de l'ordre de la liberté chez Leroi-Gourhan. Les lois du vivant sont souveraines et exercent leurs contraintes même à un niveau d'organisation supérieur : *l'évolution corporelle et cérébrale de l'espèce humaine paraissait la faire échapper par l'extériorisation de l'outil et de la mémoire au sort du polypier ou de la fourmi ; il n'est pas interdit de penser que la liberté de l'individu ne représente qu'une étape et que la domestication du temps et de l'espace* [qui sont les ultimes libérations] *entraîne l'assujettissement parfait de toutes les particules de l'organisme supra-individuel* [II, 186]. La libération n'est donc que le passage d'un type de contrainte vers un autre type de contrainte ; mais en aucun cas elle ne saurait mener à cette liberté que l'auteur ne peut pas ne pas prendre en considération, mais qu'il n'arrive cependant pas à fonder et dont il ne peut faire, du point de vue du plan général de l'évolution, – à l'instar de Schopenhauer – qu'une illusion.

27 R. Legros, « Phénoménologie et question de l'homme », in *La liberté de l'esprit. Qu'est-ce que la phénoménologie ?*, Paris, 1987, pp. 54-98.

28 M. Heidegger, « De l'essence de la vérité », in *Questions I*, Paris, 1968, p. 178 (traduction A. De Waelhens et W. Biemel).

3.2 La matière et le sens

Après avoir essayé de montrer sur quelle base devait s'établir la technicité, il faut à présent examiner, pour l'importance que Leroi-Gourhan lui a donnée, comment peut se constituer une approche technologique ; car le caractère technique influe bien évidemment sur la manière d'appréhender la technique elle-même. Et nous ne serons donc pas étonnés de constater, puisque l'auteur plonge les racines de la technicité dans la « matière vivante », qu'il élabore une technologie qui trouve son point de départ au sein de la matière.

Il faut noter, à cet égard, que, contrairement à ce qui a pu être avancé, l'approche technique chez Leroi-Gourhan n'a guère évolué au fil des ans. En fait, l'idée directrice de l'auteur – faire une paléontologie de l'outil – est présente dès le départ et n'a jamais subi de modification ; simplement, il a fallu du temps pour élaborer un système qui nécessitait la collecte et le traitement d'une documentation éparse et surabondante. Ajouter à la réédition en 1971-1973 de la monographie de 1943 (*L'homme et la matière*) – après avoir fait paraître *Le geste et la parole* en 1964-1965 – une « paléontologie du geste » ne peut pas être entendu comme une évolution – le terme connote le passage d'une forme à une autre forme –, mais montre au contraire, de la part de l'auteur, une étonnante stabilité dans sa pensée.

Il y a, en revanche, un itinéraire technologique qui s'élabore progressivement et dont le point de départ repose tout entier sur la matière. C'est elle, en effet, *qui conditionne toute technique*[29]. Celle-ci ne suffit cependant pas ; encore faut-il lui ajouter la force. Et les deux forment les moyens élémentaires qui assurent une prise sur le monde : en effet, *leur mise en œuvre aboutit aux instruments des techniques d'**acquisition** et de **consommation***[30], dont nous avons vu qu'elles constituaient le lieu d'enracinement de la technicité. Ces moyens élémentaires constituent donc, en fait, les bases de l'instrumentalité : tout ce que l'homme produit comme instruments, comme outils, comme machines se fait au départ de la matière et de la force. Ce point de départ mis en évidence, la technologie de Leroi-Gourhan nous entraîne ensuite vers la prise en considération de l'outil qui va fournir à l'homme un moyen d'action sur le monde matériel. L'outil a donc le rôle capital de médium en ce qu'il va permettre à l'homme de pouvoir survivre dans le milieu au sein duquel il doit s'implanter. Cette nécessité vitale conditionne, du reste, son devenir : il va,

29 A. LEROI-GOURHAN, *Evolution et techniques*, I, Paris, 1971, p. 19.
30 A. LEROI-GOURHAN, *l.c.*

au travers de son histoire, subir une évolution qui lui assurera une fonctionnalité de plus en plus importante ; *ainsi l'obtention des tranchants, ... suit une seule ligne évolutive, conduisant d'étape en étape, ... vers une meilleure adaptation de la matière à la fonction* [I, 209].

L'outil est donc le point de départ incontournable pour la compréhension du groupe humain dont il définit le niveau technique. Nécessairement omniprésente – il s'agit d'un caractère intrinsèquement humain –, la technique connaît, en effet, des différences marquantes dans son développement d'un groupe à l'autre, qui assurent à certains une suprématie plus grande et un confort plus important. C'est dire que l'outil est déterminant au point d'avoir des conséquences non seulement sur le destin de la culture dont il conditionne *les formes sociales et par conséquent la manière de penser* [I, 208], mais aussi sur l'histoire entière de l'homme : *l'Histoire générale est l'Histoire des peuples qui ont de bons outils pour retourner la terre et forger des épées*[31]. Mais la technologie qui s'en tiendrait à l'outil serait incomplète ; car il n'est comme tel qu'un élément inerte qui ne peut rien. Et de même que la matière ne trouvait sa pertinence technique qu'alliée à la force, *l'outil n'est réellement que dans le geste qui le rend techniquement efficace* [II, 35]. Outils et gestes forment donc véritablement, pour Leroi-Gourhan, la base de toute technologie, ce qui explique que le critère central en jeu dans la technologie de l'auteur soit matérialisé par le concept de **variation** qui, comme l'a montré B. Martinelli, a reçu de sa part une place de première importance[32] ; l'évaluation des « écarts de variation » permet, en effet, de constituer l'ordre objectif des faits et la logique générale qui les sous-tend.

Or, cette façon de procéder, qui est encore la plus habituelle, trahit une certaine naïveté, car elle présuppose que l'outil est le résultat d'une nécessité interne au milieu. Tout se passe comme si l'outil apparaissait d'emblée constitué et prêt à l'emploi, sans autre présupposé que la nécessité de sa présence – la tendance *pousse le silex tenu à la main à acquérir un manche ; le ballot traîné sur deux perches à se munir de roues. (...) La roue entraîne l'apparition de la manivelle, de la courroie de transmission, de la démultiplication*[33]. Tout se passe donc comme si l'outil ne pouvait apparaître que comme il est, pour répondre le plus efficacement possible à ce à quoi il doit servir, c'est-à-dire pour satisfaire à des exigences fonctionnelles. Il y a, en

31 A. LEROI-GOURHAN, *Evolution et techniques*, II, Paris, 1973, p. 320.

32 B. MARTINELLI, « Après André Leroi-Gourhan : les chemins de la technologie », in *André Leroi-Gourhan ou les Voies de l'Homme*, Paris, 1988, pp. 73-75.

33 A. LEROI-GOURHAN, *Evolution et techniques*, I, Paris, 1971, p. 27.

effet, une tension interne qui mène l'ustensile vers une adéquation de plus en plus grande entre la forme et la fonction, et le degré de cette adéquation donne *la valeur esthétique absolue* [II, 120] de l'objet. Il y a donc, pour Leroi-Gourhan, une esthétique fonctionnelle de l'outil – au sens le plus large du terme – dont la nature répond ***plus aux lois de la matière qu'à celles du vivant*** [II, 123 – moi qui souligne]. On a donc affaire, selon l'auteur, à un *véritable déterminisme mécanique* [II, 123]. Mais ce déterminisme est un leurre ; la matière, le milieu ne sauraient en eux-mêmes rien imposer qui soit conditionnant. Ils n'offrent que ce que l'homme peut en prendre, ils ne sont que ce que l'homme peut en faire.

Nous l'avons vu, il n'y a pas de « milieu extérieur » vierge de toute appréhension humaine. Le feu, par exemple, qui semble naturellement se donner comme instrument de chauffage et d'éclairage, ne prend toute sa valeur qu'au travers de l'expérience humaine. Aucune nécessité intrinsèque ne marque l'usage qu'il faut en faire : aussi longtemps qu'on n'y a pas mis un morceau de viande, le feu n'est pas un instrument à cuire ; aussi longtemps qu'on ne l'a pas allumé la nuit, il ne sert pas à éclairer, et il faut évidemment une opération mentale préalable qui lie la flamme à la nuit pour que le feu devienne éclairage, qui lie la flamme à la viande pour qu'il devienne cuisson. Bref, le feu, comme l'outil ou l'arme, du reste, doit faire l'objet d'un projet qui va rendre possible sa mise à disposition dans un réseau de finalités. Même si ces usages nous apparaissent comme « naturels », il est important de se souvenir qu'ils sont toujours inscrits dans le réseau symbolique d'une culture ; en attestent les divers types de construction des foyers, les diverses modalités d'allumage et d'entretien, mais aussi les nombreuses applications telles que l'éclairage, le chauffage de l'espace intérieur de l'habitat, le grillage des colorants (Terra Amata), la préparation des pointes de bois durcies (Torralba) et les diverses préparations alimentaires (rôtissage, plats bouillis par immersion de pierres chauffées …), pour ne considérer que ces facteurs[34].

Mais cela signifie qu'une technologie ne saurait se constituer sur la base fondatrice de l'outil et des gestes qui doivent l'accompagner, car l'outil n'est que la matérialisation d'une réponse conceptuelle à un problème

---

34 Pour le Paléolithique supérieur, voir : A. LEROI-GOURHAN, *Pincevent. Campement magdalénien de chasseurs de rennes*, Paris, 1984, pp. 55 sq. ; M. OLIVE, *Une habitation magdalénienne d'Etiolles. L'unité P 15*, Mémoire de la Société préhistorique française, XX, 1988, pp. 24-58.

préalablement posé par l'homme. L'instrument est, en effet, prédéterminé comme outil, et cette prédétermination se fait au départ d'un certain état de la culture et en fonction des problèmes que celle-ci se pose : concevoir une machine pour irriguer un champ ne fait pas partie des problèmes que se posent les hommes du Paléolithique ; même si on la leur donnait, ils ne pourraient pas l'intégrer dans le réseau symbolique de leur culture. L'outil n'est, en effet, pas inventé pour lui-même. L'homme ne met pas au point un outil pour lequel il trouverait ensuite une application ; il se trouve devant des problèmes qui donnent un sens aux instruments permettant de les résoudre. C'est dire que ces solutions appellent des techniques qui s'épaulent et se complémentarisent ; c'est dire aussi qu'il y a, entre elles, une certaine cohérence qui les relie en ce que B. Gille a appelé un **système technique**[35]. Un objet n'est donc outil que par le sens dont il est chargé. Matière pétrie de sens en vue d'un usage à accomplir, l'outil est donc, en quelque sorte, « matière symbolique » de la culture.

Toute technologie ne peut, par conséquent, être entreprise que sur la base des problèmes que se pose la culture et dont les échos seront matérialisés dans les instruments utilisés, ceux-ci constituant la réponse technologique aux problèmes posés. La conclusion a toute son importance, et en particulier pour la préhistoire qui, par la force des choses, ne peut, pour l'essentiel, se constituer que sur la base et au travers de la technologie. Or, en faisant de la préhistoire une science de la typologie, en en faisant donc une science constituée sur la seule base des objets, on la prive précisément de la substance même devant permettre l'édification de son but : la connaissance, la compréhension des groupes humains préhistoriques. Faire une préhistoire sur la seule typologie, c'est donc non pas mettre la charrue avant les bœufs, mais espérer la faire avancer sans les y avoir attelés. Bien entendu, Leroi-Gourhan ne peut pas partir du sens pour construire sa technologie, puisque selon lui tout commence avec un outil sécrété par le corps, c'est-à-dire avec un organe extériorisé. Dans la mesure où le sens n'apparaît que comme un greffon tardif – puisqu'il ne se manifesterait au mieux qu'avec les ultimes Paléanthropiens –, il devient logiquement, pour Leroi-Gourhan, extérieur à la problématique technologique, il n'en est plus qu'un épiphénomène.

35 B. Gille, « Prolégomènes à une histoire des techniques », in B. Gille, *Histoire des techniques*, Paris, 1978, p. 19.

3.3 L'aporie technique

Mais si l'outil est considéré comme le point de départ de l'étude technique et s'il recèle d'autre part une tension interne qui le pousse à être ce qu'il est – son histoire évolutive se comprenant dans les termes d'une progressive perfection de l'adéquation de la forme à la fonction –, Leroi-Gourhan ne peut qu'en faire un objet dont la présence est non seulement nécessaire mais encore universelle : *si l'on prend position dans l'absolu chronologique et géographique, on constate que la plus écrasante majorité des peuples qui* ***pouvaient*** *avoir l'herminette* ***ont*** *l'herminette, que ceux qui pouvaient filer ont le fuseau, etc.*[36]. C'est que les formes élémentaires d'outils se donnent, pour l'auteur, comme naturelles : *la forme « herminette » est naturelle et ... par emprunt ou par invention*[37], *tout groupe menuisier peut la posséder*[38]. Et à cet égard – Leroi-Gourhan le souligne à différentes reprises – la masse énorme des ustensiles dont l'homme s'entoure dissimule la pauvreté relative des techniques.

Nécessaires, universelles, naturelles, les techniques fondamentales ne peuvent donc se comprendre qu'à la lueur d'un déterminisme qui les commande : *le déterminisme technique conduit à considérer le propulseur comme un trait naturel, inévitable, né de la combinaison de quelques lois physiques et de la nécessité de lancer le harpon*[39]. Evidemment, ce déterminisme technique est précieux pour Leroi-Gourhan, car il assure – sans que l'auteur le dise, du reste – à la typologie sa justification méthodologique. Celle-ci n'est plus, en effet, un modèle classificatoire établi en vue de faciliter l'analyse de la réalité, elle devient elle-même cette réalité ; si les types techniques sont nécessaires, universels, naturels, si donc les types techniques sont déterminés, la réalité technique se donne tout entière dans leur recensement exhaustif.

Mais ce déterminisme pose évidemment le problème du statut de l'invention. Car si la technique ne peut trouver à s'élucider qu'au travers d'un

---

36 A. LEROI-GOURHAN, *Evolution et techniques*, I, Paris, 1971, p. 322 (l'auteur qui souligne).

37 Ce qui revient au même pour Leroi-Gourhan, puisque, suivant le mot de Fergusson que l'auteur rappelle ailleurs, *on emprunte souvent ce qu'on se disposait à inventer* (A. LEROI-GOURHAN, *Evolution et techniques*, II, Paris, 1973, p. 373).

38 A. LEROI-GOURHAN, *o.c.*, I, 1971, p. 325.

39 A. LEROI-GOURHAN, *o.c.*, I, 1971, p. 325.

canevas déterministe et si, d'autre part, elle ne peut trouver sa pertinence qu'en réponse à des impératifs biologiques, est-il encore concevable de laisser à l'invention la place que le bon sens lui réclame, ou faut-il, une fois pour toutes, congédier l'acte inventif au rang des illusions et reconnaître notre absolue subordination à quelque force souveraine qu'un agent extérieur nous infligerait ? Il faut, en effet, souligner que la tendance est extérieure non seulement à l'individu mais encore au milieu intérieur – il n'y a pas, comme le souligne Leroi-Gourhan, de tendance du milieu extérieur –, le vocabulaire utilisé par l'auteur ne laisse aucun doute à ce sujet : *la tendance ... **traverse** le milieu intérieur ...* [et] *y **acquiert** des propriétés particulières, comme un rayon lumineux acquiert en traversant des corps différents des propriétés diverses*[40]. De même retrouve-t-on cette extériorité de la tendance sous la plume de l'auteur lorsqu'il traite du milieu technique : *tout se passe comme s'il **subissait** constamment l'effet de toutes les possibilités techniques, c'est-à-dire comme si toute la tendance déterminante **dirigeait sur lui** à tous moments la totalité de ces excitations*[41]. Ces exemples montrent bien – mais il y en aurait beaucoup d'autres – que la tendance est une force extérieure, toute-puissante et autonome.

Il nous faut donc à présent examiner l'invention, de manière à mettre en évidence l'importance que l'auteur veut bien lui accorder. *L'invention est un acte de l'intelligence qui coïncide avec le sens de la tendance. Elle suppose, chez l'individu particulièrement favorisé, la série la plus propice d'associations que permette le milieu intérieur du groupe*[42]. Cette caractérisation de l'invention est importante pour le caractère limité dont Leroi-Gourhan la charge : elle ne peut que suivre le chemin de la tendance et réclame au départ qu'elle ne dépasse pas ce que le patrimoine culturel du groupe autorise. Cela signifie que, pour l'auteur, il n'y a d'invention que dans la mesure où la nouveauté peut s'imposer dans le groupe : l'être social est, en effet, le détenteur et le dispensateur de la totalité du patrimoine culturel, et l'individu ne peut que déployer son intelligence et son savoir-faire dans l'« espace technique » que lui offre cet être. S'il y a invention, ce ne peut donc pas être au sens où il y aurait production d'un acte créateur, mais au sens où l'individu puiserait dans le milieu technique du groupe des éléments déjà existants et qu'il associerait de manière originale. C'est pourquoi Leroi-Gourhan peut avancer que *doit être tenu pour invention tout apport du milieu intérieur au*

40 A. LEROI-GOURHAN, *o.c.*, II, 1973, p. 339 (moi qui souligne).
41 A. LEROI-GOURHAN, *o.c.*, II, 1973, p. 343 (moi qui souligne).
42 A. LEROI-GOURHAN, *o.c.*, II, 1973, p. 377.

groupe technique[43], et ce « remodelage » incessant du milieu technique donne précisément à l'invention son caractère insaisissable. Le milieu technique est constamment « travaillé » et enrichi de petites inventions qui n'ont, en elles-mêmes, aucune conséquence, mais permettent la constitution progressive d'un milieu technique riche de potentiels nouveaux, duquel pourra surgir un état technique nouveau dont la caractéristique est, à l'inverse des petits apports qui remodèlent insensiblement le milieu technique, qu'il se matérialisera instantanément. Et Leroi-Gourhan retrouve donc ici les deux modes de l'évolution du vivant : l'évolution lente et la mutation. Il n'y a à cela rien de surprenant : le technique, en tant qu'il provient du vivant, ne peut qu'en suivre les lois.

Mais si l'invention est soumise aux lois de la nature, de quelle manière faut-il alors comprendre ce qui pousse à inventer ? Comment, autrement dit, comprendre **l'intention technique** ? Elle ne diffère fondamentalement pas chez l'amibe qui pousse des pseudopodes pour engloutir sa proie et chez le menuisier qui travaille le bois ; dans les deux cas, il s'agit, selon Leroi-Gourhan, de savoir *comment prendre contact*[44].

En fait, Leroi-Gourhan n'arrive pas à cerner le problème de l'intention qu'il sent pourtant fondamental pour ce qui touche la technique, et il se trouve mal à l'aise avec une inventivité et un progrès qu'il ne peut pas ne pas constater et qu'il n'arrive cependant pas à établir. En effet, de manière à assurer un fondement solide à la technicité, Leroi-Gourhan a fait de la technique un exsudat du corps, mais extériorisé ; elle n'est plus alors que le cas particulier d'un organe qui, pour être artificiel, n'en est pas moins soumis aux mêmes nécessités que n'importe quel organe d'être vivant. Mais l'auteur perd alors ce que précisément il espérait gagner : la créativité individuelle et le cumul sélectif des innovations permettant le progrès technique. La spécialisation de l'organe détermine le devenir de l'espèce de même qu'elle le limite, puisqu'elle enferme l'animal dans des séquences opératoires imposées, des nécessités alimentaires et des contraintes de milieu, auxquelles il doit souscrire s'il veut pouvoir survivre.

Leroi-Gourhan se trouve dans une voie sans issue, car la prolifération technique implique et impose son extériorité par rapport au corps ; mais dans la mesure où l'auteur n'arrive à penser l'homme – et ses productions – qu'en se référant à l'animalité, cette extériorité ne peut pas être. Leroi-Gourhan en

43 A. LEROI-GOURHAN, *o.c.*, II, 1973, pp. 377-378.

44 A. LEROI-GOURHAN, *o.c.*, II, 1973, p. 385.

semble, du reste, bien conscient pour dire que *si l'on cherche la parenté réelle de la Technologie, c'est vers la Paléontologie, vers la biologie au sens large, qu'il faut s'orienter*[45]. Et si l'outil est extérieur à la main, c'est finalement l'organe, de l'intérieur, qui commande son être et son devenir. Ne l'oublions pas, pour Leroi-Gourhan l'invention ne trouve sa pertinence qu'en réponse à des impératifs biologiques ; l'abîme qui sépare le corps de la technique extériorisée n'est donc jamais franchi, et la création qui cautionnerait la principale caractéristique technique – le progrès – ne se réduit finalement qu'à une recombinaison d'éléments déjà présents. Mais dans ces conditions, le système de Leroi-Gourhan ne saurait rendre compte d'une technique qui précisément s'affirme chez l'homme comme unique dans le règne animal. La technicité humaine, on l'a vu, ne peut que se donner depuis l'inventivité et ne peut donc se concevoir qu'en admettant l'acte créateur ; elle ne s'établit que sur la base d'un progrès indéfini que l'on est forcé d'admettre pour le constater depuis toujours. Et s'il est un organe qui peut en rendre compte, ce n'est pas celui, hypothétique, qui serait sorti de la main pour se matérialiser en outil, c'est la main elle-même, celle dont P. Valéry a pu si justement dire qu'elle était *l'organe du possible*[46] ...

4 AUX SOURCES DE L'ANTHROPOLOGIE

4.1 L'homme comme être symbolique

Après avoir dégagé les caractères théoriques de la technique dans l'anthropologie de Leroi-Gourhan, il nous faut à présent essayer de poursuivre l'analyse du symbolique qui forme le dernier critère fondamental de l'humanité sur lequel l'auteur a porté son attention. Avec les derniers Néandertaliens vont progressivement se développer le rhinencéphale – centre des émotions – et le néo-cortex – centre de la « conscience lucide ». Ce double enrichissement des territoires cérébraux constitue – on l'a vu – un acquis majeur puisqu'il va libérer l'homme de la férule du biologique et lui ouvrir les possibilités infinies de la création technique et du monde des symboles. Ce qui émerge, en effet, avec *Homo Sapiens*, c'est *l'aptitude à fixer la pensée dans des symboles matériels* [I, 261], grâce à quoi le patrimoine humain peut

45 A. LEROI-GOURHAN, *o.c.*, II, 1973, p. 439.
46 P. VALÉRY, *Variété V*, Paris, 1944, p. 57.

être conservé en une mémoire extérieure à l'individu à disposition de l'organisme social.

Il y a, cependant, ici un problème qui mérite notre attention. Sur la base des moulages endocrâniens, Leroi-Gourhan constate que, dès le départ, le cerveau de l'Australanthrope est celui d'un homme. Or, on sait que les territoires de la face et de la main occupent dans le cerveau une situation topographique commune et qu'ils sont contigus dans une même zone cérébrale tant chez le singe que chez l'homme, ce qui explique l'étroite coordination que l'on observe entre l'action de la main et celle des organes de la face. Mais alors que chez le singe cette liaison concerne essentiellement les activités liées à la prise de nourriture, chez l'homme la situation gagne en complexité puisque le développement de zones d'association qui entourent le cortex moteur de la face et de la main va permettre l'élaboration de symboles phonétiques et graphiques.

Ceci est évidemment capital, car il ressort de cet examen qu'il existe chez l'homme, **dès l'origine** et tout au long de son évolution, *un lien étroit entre l'apparition du langage et celle de la technicité manuelle proprement humaine*[47]. Et, nous avons eu l'occasion de le voir en détail, toute distinction qui viserait à isoler en l'homme un être fabriquant et un être parlant est donc vaine, puisque l'homme, dès le départ, *dispose de deux instruments : l'outil et le langage*[48]. Mais comment concilier le fait que le langage aurait existé dès les premiers Anthropiens, d'une part, avec l'idée selon laquelle les derniers seuls auraient été capables de créer des symboles matériels ? Il y a ici une contradiction interne qui rend cette interprétation irrecevable. Le langage[49] est, en effet, indissociable d'un support matériel, qu'il soit phonique, graphique ou gestuel. S'il y a langage, il y a nécessairement dimension symbolique. Et ceci est un caractère intrinsèque de l'homme. Comme l'a avancé Lévi-Strauss, *le langage n'a pu naître que tout d'un coup, les choses n'ont pas pu se mettre à signifier progressivement*[50]. Et s'il y a une limite à établir, elle doit

---

47 A. LEROI-GOURHAN, *Technique et société chez l'animal et chez l'homme*, Paris, 1957, p. 21 et id., *Le fil du temps*, Paris, 1983, p. 118.

48 A. LEROI-GOURHAN, « L'illusion technologique », in *La Technique et l'Homme*, Paris, 1960, p. 72 et id., *Le fil du temps*, Paris, 1983, p. 130.

49 Entendu comme *fonction d'expression de la pensée et de communication entre les hommes, mise en œuvre au moyen d'un système de signes vocaux (parole) et éventuellement de signes graphiques (écriture) qui constitue une langue.* (*Dictionnaire Le Robert*, *s.v.* « langage »).

50 C. LÉVI-STRAUSS, « Introduction à l'œuvre de Marcel Mauss », in M. MAUSS, *Sociologie et anthropologie*, Paris, 1966, p. XLVII.

l'être, une fois encore, entre animalité et humanité. Le monde humain est, en effet, dans son essence, un monde de sens ; l'être humain n'est que par le sens dont il est capable d'investir son existence. La limite se marque donc par *un passage [qui] s'est effectué d'un stade où rien n'avait de sens, à un autre où tout en possédait*[51]. Et ce passage marque précisément l'accès à l'humanité.

Notre analyse n'est pas pour autant terminée et il nous faut à présent en passer brièvement par l'examen des principales fonctions du symbole afin d'essayer de comprendre la nature de la relation qui lie le symbole à l'homme. Et ici une première constatation s'impose : cette relation est exclusive. Dans le règne animal, l'homme seul a, en effet, le privilège de penser au travers de symboles. Le conditionnement opéré sur certains chimpanzés pour l'apprentissage d'un langage par l'intermédiaire d'icônes n'est, en effet, nullement comparable à la production symbolique que l'on observe chez l'homme. Les singes – le fait est maintenant bien connu – ont la possibilité d'apprendre un nombre de signes relativement important, grâce auxquels ils peuvent communiquer avec l'homme. Washoe a pu assimiler 130 signes gestuels du langage des sourds-muets en quatre ans[52]. Sarah a acquis la connaissance de 127 « mots » représentés par des morceaux de plastique de forme et de couleur variées[53]. Nim, en quatre ans également, est arrivé à se servir de 125 gestes afin d'obtenir de ses éducateurs des objets, de la nourriture ou des jeux[54].

L'apprentissage est long et ne peut se faire qu'avec un jeune animal. De plus, la faculté d'apprentissage ne semble pas excéder 150 signes. Mais deux différences essentielles distinguent la manipulation de signes chez le singe et le langage chez l'homme : d'une part la faculté de faire jaillir indéfiniment du sens à travers le déploiement de signes associés d'une manière déterminée, et d'autre part l'utilisation du langage pour nommer les « quelque-chose » afin de leur insuffler une « substance de monde », leur permettant ainsi de se faire monde. En d'autres termes, la substantification des « quelque-chose » entraîne une substantialisation du monde.

---

51 C. LÉVI-STRAUSS, *l.c.*

52 R.A. GARDNER & B.T. GARDNER, « Teaching Sign Language to a Chimpanzee », in *Science*, 165, 1969, pp. 664-672 ; id., « Two comparative Psychologists Look at Language Acquisition », in K.E. NELSON ed., *Children's Language*, New York, 1979.

53 D. PREMACK, *Intelligence in Ape and Man*, Hillsdale, N.J., 1976 ; D. & A.J. PREMACK, *The Mind of an Ape*, New York, 1983.

54 H.S. TERRACE, *Nim*, New York, 1979 ; H.S. TERRACE, L.A. PETITTO & T.G. BEVER, « Can an Ape create a Sentence ? », in *Science*, 206, 1979, pp. 891-902 ; H.S. TERRACE, *Nim, un chimpanzé qui a appris le langage gestuel*, Bruxelles, 1980.

Si le singe a la possibilité de se servir de signes pour entrer en communication avec l'homme, les messages que l'animal lui adresse ne sont jamais de l'ordre de la phrase, mais restent de l'ordre du mot. Le jeune enfant possède un vocabulaire de la même importance que celui du singe ; pourtant, il va d'emblée essayer d'utiliser de véritables chaînes de mots dans lesquelles chacun des mots qu'il accole ajoute du sens à ce qui a déjà été signifié. L'être humain dispose, en effet, de cette remarquable possibilité, que Miller a appelée « la productivité combinatoire »[55], et qui permet la production d'informations neuves en associant des mots de manière particulière. Le fait est remarquable chez l'enfant : à peine a-t-il acquis un vocabulaire de quelques mots, qu'il est capable des les combiner en fonction d'une syntaxe dont il assimile rapidement les règles afin de produire des informations originales. Les études de psychologie du très jeune enfant ont bien montré que les premiers mots n'ont pas la valeur informative que l'adulte leur trouve, ils servent plutôt à structurer le psychisme de l'enfant pour le rendre apte à l'exercice du langage[56] ; ils servent, pour le dire autrement, à mettre en place la verbalité. La situation est radicalement différente chez les animaux qui ne peuvent que répéter les signes appris – la combinaison de signes n'est pas génératrice de signes nouveaux – ou *s'ils en prennent de nouveaux, ils ne semblent pas modifier la signification essentielle d'une expression à deux signes*[57]. Il s'agit donc toujours d'une combinatoire limitée qui ramène l'information au niveau du signe ; le mot ne devient jamais générateur de discursivité, de narrativité. Ces caractéristiques apparaîtront mieux au travers de deux exemples de « phrases », choisis parmi les plus longues. Le premier exemple appartient au gorille Koko[58] : *s'il vous plaît-lait-s'il vous plaît-moi-aimer-boire-bouteille-pomme*. Le second a été exprimé par le chimpanzé Nim[59] : *donner-orange-moi-donner-manger-donner-moi-manger-orange-donner-moi-toi*. Le message n'est long que parce qu'il est répétitif ; l'information est claire mais reste élémentaire : elle exprime la demande de boire dans le premier cas, celle de manger dans le second. En outre, elle désigne la chose souhaitée. Les gestes restitués sont ceux qui ont été acquis lors de l'apprentissage, et les informations véhiculent toujours une donnée immédiate.

---

55 G.A. Miller, *The Psychology of Communication*, New York, 1967.

56 A. Vinter, « Les fonctions de représentation et de communication », in J. Piaget, P. Mounoud & J.-P. Bronckart, *Psychologie*, Paris, 1987, pp. 417-462.

57 D.R. Griffin, *La pensée animale*, Paris, 1988, p. 195.

58 F.G. Patterson & E. Linden, *The Education of Koko*, New York, 1981.

59 H.S. Terrace, *o.c.*, 1979.

Mais ces exemples mettent également en évidence une autre différence fondamentale qui sépare communication animale et langage humain : l'animal manipule des signes pour la réalisation de ses affects propres, et ne s'en sert donc que comme moyen de combler un manque, tandis que l'être humain utilise le langage pour appréhender le monde. *On observe chez l'enfant tout le contraire de ce qui se passe chez le jeune singe. Les premiers mots nettement émis sont destinés à décrire l'environnement, et jamais à exprimer la motivation ou l'émotion*[60]. C'est que l'enfant doit trouver sa place dans le monde au sein duquel il apparaît. Il ne possède pas naturellement les réponses qui vont lui permettre de pouvoir y survivre, et c'est le symbolique qui va tout entier lui en ouvrir l'accès. Le symbolique est donc pour l'homme le moyen de se réaliser comme être humain. Il sert, en effet, de médium pour asseoir l'emprise de l'homme sur le monde et va rendre possible la trans-formation du monde, c'est-à-dire son passage de l'informel vers le formel ; il est ce qui va donner une réalité humaine au monde. C'est précisément cette carence du symbolique qui entrave aussi gravement le développement des enfants sauvages[61]. Le cas de ces enfants abandonnés et recueillis par des animaux a paradoxalement peu mobilisé l'attention des anthropologues. Pourtant, et malgré l'état lacunaire des informations dont nous disposons, ils apportent à l'anthropologie des renseignements précieux.

Cinquante-trois cas ont été répertoriés sur une période qui s'étend de 1344 à 1961, dans lesquels on a pu reconnaître, entre autres, des enfants-loups, des enfants-ours, des enfants-porcs, un enfant-mouton, un enfant-veau, un enfant-babouin, un enfant-panthère, un enfant-léopard et un enfant-gazelle. L'enfant sauvage existe bien, mais il reste un phénomène exceptionnel. De plus, la moyenne d'âge au moment de la découverte est toujours peu élevée[62] et l'espérance de vie de ces êtres limitée : beaucoup décèdent dans les mois qui suivent leur capture, les autres ne survivent guère plus de quelques années. Les observations, malheureusement fort incomplètes, nous laissent entrevoir des êtres plongés dans un désarroi profond. Ils demeurent dans les coins sombres, terrorisés dès qu'une personne s'approche d'eux. Ils

60 R. CHAUVIN, *L'éthologie, histoire naturelle des mœurs*, Paris, 1983², p. 185.

61 L. MALSON, *Les enfants sauvages. Mythe et réalité suivi de Mémoire et rapport sur Victor de l'Aveyron par Itard*, Paris, 1971 ; J.A.L. SINGH & R.M. ZINGG, *L'homme en friche. De l'enfant-loup à Kaspar Hauser*, Bruxelles, 1980.

62 Sur 29 cas dont l'âge est connu, 9 avaient moins de 10 ans, 12 entre 10 et 15 ans, 8 plus de 15 ans. 2 seulement dépassent le cap des 20 ans : ce sont la fille-truie de Salzbourg (22 ans) et l'enfant-loup de Kronstadt (23 ans).

ne rient pas, ne pleurent pas ; ils sont insensibles au chaud, au froid, à la pluie et au soleil. Ils n'ont aucun appétit sexuel, même après plusieurs années. Ils fuient systématiquement la relation avec l'homme et ne possèdent pas de langage. Il ne s'agit donc nullement de « bons sauvages » qui auraient trouvé, dans leurs dispositions naturelles, les réponses adéquates pour leur insertion harmonieuse dans le milieu naturel ; il s'agit, tout au contraire, d'êtres profondément perturbés, qu'une éducation incomplète a privés de la dimension structurante du symbolique. Dépourvus de cette condition essentielle pour accéder à leur humanité, ils demeurent déracinés, dans un chaos hors du temps et de l'espace humains, et sont donc littéralement des **êtres-en-manque-de-monde**. La condition de possibilité d'accès au monde est donnée par le symbolique, mais l'enfant n'y est réceptif que durant une certaine période. Comme le signale Merleau-Ponty, *si l'enfant, durant cette période, n'a pas de modèle linguistique, il ne parlera pas ou, tout au moins, ne parlera jamais tout à fait normalement*[63]. Et en effet, ces petits êtres ne peuvent jamais plus réapprendre la vie humaine. Certains, après une éducation laborieuse, peuvent se tenir debout. Quelques-uns finissent par accepter la compagnie des hommes et apprennent les premiers rudiments d'un langage. La fille-louve Kamala a pu acquérir, durant les neuf ans qu'a duré son existence parmi les hommes, 45 mots ; mais ceux-ci ne comprenaient qu'une seule syllabe, même lorsque les mots bengali qu'elle voulait prononcer étaient polysyllabiques.

Il ne faudrait cependant pas croire que ces êtres, auxquels l'accès à l'humanité a été refusé, ont trouvé refuge dans une animalité dont le modèle leur aurait été offert par les animaux qui les ont pris en charge. En 1925, cinq ans après sa capture, Kamala est surprise pour la première fois en train de parler toute seule : *elle parlait à l'arbre, à la maison*[64]. Kamala n'agit pas comme le chimpanzé. Elle a été privée de monde mais conserve l'attitude consistant à se tourner vers le monde, c'est-à-dire l'attitude d'un enfant humain. Et l'enfant sauvage n'est donc pas un enfant qui aurait régressé à un état précédant l'état de culture. La conséquence est de première importance, puisqu'elle nous invite à repenser l'anthropologie sur d'autres bases que celles offertes par le couple nature-culture.

---

63 *Merleau-Ponty à la Sorbonne. Résumé de cours 1949-1952*, *s.l.*, 1988, p. 307.

64 J.A.L. SINGH & R.M. ZINGG, *o.c.*, 1980, p. 119.

T. Dobzhansky ne s'y est pas trompé : *construire des symboles et employer un langage symbolique sont les facultés les plus distinctives de l'homme*[65]. Le fait se vérifie également dans le domaine artistique. T. Lenain a bien mis en évidence le fait que si le singe est capable d'actionner le dispositif pictural de manière pertinente, il ne crée jamais – ni n'agit sur – le champ pictural, lieu visuel où se distribuent les traces peintes[66]. Or, la structure de ce lieu esthétique témoigne de l'intention créatrice du peintre. La préparation du champ instaure l'œuvre comme projet – le fait apparaît particulièrement bien avec la peinture paléolithique qui intègre de manière dynamique le support pariétal. Comme l'a si justement fait observer M. Lorblanchet, les artistes paléolithiques *ont profité de toutes les caractéristiques de la roche en les intégrant dans leur décoration*[67]. Les parois calcaires ont été décorées de peintures à l'ocre rouge ou à l'oxyde de manganèse, tandis que les parois altérées couvertes de monmilch (pellicule blanchâtre tendre recouvrant la paroi) ont été ornées de dessins faits au doigt. Surtout, les particularités des parois ont été fréquemment exploitées par les artistes paléolithiques : tel contour naturel de la grotte du Mas-d'Azil en Ariège a été complété par un petit tracé noir, transformant un morceau de paroi rocheuse en profil humain, tel bloc rocheux de la grotte d'Altamira en Espagne a été transformé en masque monstrueux par le simple ajout d'un petit cercle noir figurant l'œil. De même, les exemples sont nombreux qui montrent un animal dont le ventre ou le dos, représentés en noir ou en rouge, prolongent des membres formés par des colonnettes naturelles de la paroi, ou qui, à l'inverse, présentent des membres peints ou gravés complétant un relief naturel évoquant une ligne cervico-dorsale. Mais cette disposition au projet se marque également dans les tracés préparatoires effectués sur les parois au fusain avant la réalisation des peintures proprement dites, ou encore dans les recettes diverses de peintures que les Paléolithiques ont mises au point[68].

---

65 T. DOBZHANSKY, *L'homme en évolution*, Paris, 1966, p. 242.

66 T. LENAIN, *La peinture des singes. Histoire et esthétique*, Paris, 1990, pp. 111-113.

67 M. LORBLANCHET, « Le support », in *L'art pariétal paléolithique. Techniques et méthodes d'étude réunis par le Groupe de Réflexion sur l'Art Pariétal Paléolithique*, Paris, 1993, pp. 69-80.

68 J. CLOTTES, M. MENU & P. WALTER, « La préparation des peintures magdaléniennes des cavernes ariégeoises », in *Bulletin de la Société préhistorique française*, LXXXVII, 1990, pp. 170-192, 26 fig.

Enfin, il est à peine besoin de rappeler ce que les travaux de Leroi-Gourhan ont initié au sujet de l'organisation des «sanctuaires ornés»[69]. Si même ils méritent aujourd'hui une révision critique[70], il reste établi que les graphèmes peints ou gravés l'ont été en fonction d'une cohérence soigneusement préétablie.

Le cadre est donc déjà une mise en forme qui témoigne de la mise en sens et annonce la mise en scène de l'œuvre. Tout autre est le travail du singe, pour qui *les structures formelles y découlent pour l'essentiel d'un engendrement progressif par le geste, qui se manifeste visuellement et s'influence lui-même au fur et à mesure de son traçage*[71]. Cette non-instauration du champ chez le chimpanzé se vérifie, du reste, positivement par l'analyse du type de traces organisées qu'il produit : les modes d'organisation de ces traces montrent une non-spatialisation du champ, une opération picturale qui jamais ne convertit le champ (lieu visuel) en espace (lieu imaginaire)[72].

Mais par ailleurs, cet animal doué du pouvoir symbolique qu'est l'homme est également un être social. Le concept d'humanité est, en effet, impensable sans celui de socialité. Bien entendu, la plupart des animaux ont une vie sociale, qu'elle soit élémentaire comme c'est le cas lorsque les rapports sociaux sont ponctuels (reproduction, migration ...), ou qu'elle soit élaborée comme c'est le cas chez les animaux eusociaux (fourmis, abeilles, termites ...). Mais l'homme s'en distingue précisément en ceci que **sa société se constitue en instituant le symbolique**. Elle est l'invention d'un monde institué au départ d'une infinité de possibles, comme l'a bien montré Castoriadis[73]. Alors que chez l'animal les contacts sociaux sont établis sur la base de la nécessité, chez l'homme il s'agit d'institutions érigées sur la base

69 A. LEROI-GOURHAN, « La fonction des signes dans les sanctuaires paléolithiques », in *Bulletin de la Société préhistorique française*, LV, 1958, pp. 307-321 ; id., « Le symbolisme des grands signes dans l'art pariétal paléolithique », in *ibid.*, pp. 384-398 ; id., « Répartition et groupement des animaux dans l'art pariétal paléolithique », in *ibid.*, pp. 515-528 ; id., *Préhistoire de l'art occidental*, Paris, 1978, 482 p., 804 fig. dont 121 pl. coul. ; id., *L'art pariétal, langage de la préhistoire*, Grenoble, 1992, 420 p., ill.

70 C. MEYLAN, « Leroi-Gourhan au bestiaire de la préhistoire », in *Bulletin de la Société préhistorique de l'Ariège*, XLI, 1986, pp. 31-62 ; M. GROENEN, « Quelques problèmes au sujet des récentes découvertes d'art paléolithique », in *Annales d'Histoire de l'Art et d'Archéologie*, 1996.

71 T. LENAIN, *o.c.*, p. 113.

72 T. LENAIN, *in verbis.*

73 C. CASTORIADIS, *L'institution imaginaire de la société*, Paris, 1975.

de la contingence et décrétées ensuite nécessaires, cette nécessité pouvant, du reste, elle-même être repensée de façon contingente : une loi est décrétée, son caractère de loi la revêt de nécessité qui autorise, le cas échéant, la société – à travers la personne d'un magistrat – à prendre des sanctions si elle n'est pas respectée, mais elle ne comporte aucun caractère d'absoluité : demain elle sera autre, ou même ne sera plus.

Et ces deux notions – symbole et société – entretiennent entre elles des relations étroites dont un siècle de sociologie et d'ethnologie a montré clairement la pertinence. Cette fonction sociale se marque bien dans l'aspect contraignant du symbole. Contrairement à l'analogie qui propose une comparaison – « beau comme un dieu » par exemple –, le symbole possède une force qui réclame l'adhésion générale. Que le lion soit symbole de la force n'est pas à discuter, pas plus que la couronne soit symbole du pouvoir, et il n'y a donc pas de contestation quant au sens du symbole. La force consensuelle du symbole le nimbe d'une nécessité, et il apparaît dès lors comme portant en lui un sens qui se donne pour évident et est ressenti comme naturel par les membres d'une société. Cette idée de contrainte ne doit donc pas être entendue comme une obligation avec ce que cela a de lourd à supporter, mais comme une adhésion évidente, « naturelle » qui ne pose pas le problème de son acceptation, ni même celui de sa question.

De ceci découle une double conséquence. Premièrement, le symbole possède, pour les membres d'une société, une **valeur** en soi. L'adhésion commune à un ensemble de symboles constitue, au sein d'un même groupe, la garantie de leur validité. Mais cette force dont est pourvu le symbole lui confère une dimension fonctionnelle. Le symbole est, en effet, essentiellement actif : il rend concret, il « constitue », il rend pertinent. Ce fait a suffisamment été mis en évidence dans les mythes pour qu'il ne faille y revenir. Ce rôle éminemment fonctionnel du symbole se marque, en outre, dans l'efficacité qui l'accompagne. Il n'est pas, en effet, un produit abstrait détaché du réel, mais il est le médiateur qui donne au réel sa réalité. Et il peut donc, à ce titre, agir sur lui. Lévi-Strauss a bien montré comment l'efficacité symbolique était à l'œuvre dans une cure shamanistique chez les Cuna en Panama[74]. Cette efficacité symbolique n'est, du reste, pas le fait exclusif d'une magie dont il serait trop facile de rendre responsable le cerveau archaïque : elle est non seulement posée en principe de méthode depuis

74 C. LÉVI-STRAUSS, *Anthropologie structurale I*, Paris, 1974, pp. 205-226.

S. Freud dans la démarche psychanalytique[75] et dans le travail psychothérapeutique[76], mais encore posée comme principe de connaissance scientifique, puisque, comme l'a bien noté Leroi-Gourhan, *on n'a de prise sur les phénomènes que dans la mesure où la pensée peut à travers les mots, agir sur eux en en construisant une image symbolique à réaliser matériellement* [II, 164].

Deuxièmement, le symbole implique la notion d'**appartenance**. Comme le disait G. Gurvitch, *le symbole inclut et il exclut*. Cette appartenance, qui est tout à la fois une limite au delà de laquelle l'autre n'est plus identifiable à moi, au delà de laquelle donc il est cerné dans une altérité qui l'isole de et par rapport à moi, marque la dimension **culturelle**. Or, l'idée de reconnaissance qui est corollaire de celle de culture – les êtres d'une même culture le sont parce qu'ils se reconnaissent en tant que tels – implique évidemment le langage. Les êtres d'une même culture se reconnaissent entre eux par la médiation d'un langage qui leur est commun et ce langage les identifie chacun sur base d'un fonds commun. La conséquence est que ces êtres ont entre eux la possibilité de **communiquer**. Communiquer est, en effet, rendre commun un capital d'expériences, d'informations. Comme l'a dit E. Ortigues[77], *le langage est la forme sensible de notre « être-au-monde », de notre ouverture à l'universel, en vertu de quoi tout ce qui apparaît se donne comme la manifestation de possibilités qui nous concernent*. Cette possibilité de communiquer est le signe de l'appartenance des hommes d'un même groupe à une humanité commune par opposition aux êtres avec qui cette possibilité n'est pas réalisée, et qui se voient donc exclus de leur humanité. Ce fait est suffisamment connu pour ne pas devoir être rappelé, le titre qu'une ethnie se donne est le plus souvent simplement celui d'homme. Mais notre insertion

75 Il n'entre pas dans notre propos de nous prononcer sur l'efficacité des cures psychanalytiques. Nous sommes sensibles aux critiques, souvent très pertinentes, avancées, du reste, par certains psychanalystes eux-mêmes (J. VAN RILLAER, *Les illusions de la psychanalyse*, Liège-Bruxelles, 1980, 415 p.). Nous voulons seulement attirer l'attention sur le fait que les diverses écoles psychanalytiques – de Freud à Lacan – sont présentes à tous les niveaux de la société contemporaine – il suffit, pour s'en convaincre, de constater le nombre de psychanalystes qui œuvrent et les innombrables publications produites dans ce domaine – et que cette démarche est donc, par ce fait même, validée par la structure sociale.

76 N. PUIG-VERGÈS, *Aux sources de la psychose. Corporéité et pensée psychotique*, Paris, 1987 ; G. PANKOW, *Structuration dynamique dans la schizophrénie*, Bern, 1956 ; id., *L'être-là du schizophrène*, Paris, 1981 ; id., *L'homme et sa psychose*, Paris, 1993.

77 E. ORTIGUES, *Le discours et le symbole*, Paris, 1962, p. 203.

dans le monde ne peut se faire qu'au départ du langage. Celui-ci, comme l'a si justement souligné P. Ricœur, est *ce par quoi et à travers quoi nous nous dirigeons vers la réalité (quelle qu'elle soit)*[78]. Et il est donc *le medium, le « milieu » dans quoi et par quoi le sujet se pose et le monde se montre*[79].

Ainsi donc, symbole, culture, langage sont les trois termes nécessaires et inséparables d'une seule équation dont la synthèse est l'homme. C'est dire que la fonction symbolique ne doit être considérée ni comme le résultat de la vie sociale, comme le prônait M. Mauss[80], ni comme son origine, comme l'a avancé C. Lévi-Strauss[81]. L'un et l'autre existent simultanément et nécessairement dès lors qu'il y a homme, sans préséance de l'un sur l'autre.

4.2 L'aporie symbolique

Mais si le monde se dévoile – et par là même se donne – par ce milieu qu'est le langage – et d'une manière générale par le biais d'un système de symboles –, il faut bien admettre que le langage ne se limite pas à circonscrire une réalité qui le déborderait de toutes parts. Tout, au contraire, nous invite à penser que le symbolique construit pour nous, en nous y donnant accès, cette « réalité » du monde au sein duquel nous existons. Nous ne pouvons, à cet égard, que marquer nos distances par rapport à la position de Leroi-Gourhan, pour qui *la pensée réfléchie est à même d'abstraire de la réalité, dans un processus d'analyse de plus en plus précis, des symboles qui constituent,* ***parallèlement au monde réel****, le monde du langage par lequel est assurée la* ***prise sur la réalité*** [I, 270 – moi qui souligne]. Pour l'auteur du « geste et de la parole », la réalité du monde reste extérieure à une fonction symbolique qui s'acharne en vain à en grignoter les contours. C'est que la réalité est inaltérable. Non seulement elle ne se laisse pas entamer par le symbolique, mais en outre elle lui impose sa forme : *si le tissu de symboles qui recouvre la réalité fonctionnelle des institutions humaines offre d'une civilisation à l'autre d'aussi extraordinaires coïncidences, c'est précisément parce qu'il se moule sur des reliefs profonds* [II, 168]. Et face à ces reliefs d'autant plus profonds qu'ils plongent tout entiers dans la pure nature, le symbolique reste

78 P. RICOEUR, *Le conflit des interprétations, essais d'herméneutique*, Paris, 1969, p. 247.

79 P. RICOEUR, *o.c.*, 1969, p. 252.

80 M. MAUSS, « Rapports réels et pratiques de la psychologie et de la sociologie », in *Sociologie et anthropologie*, Paris, 1966, pp. 285-310.

81 C. LÉVI-STRAUSS, *Introduction à l'œuvre de Marcel Mauss*, in *o.c.*, 1966, p. XXII.

inexorablement extrinsèque à l'être humain. Il reçoit cette pure nature dont il doit stabiliser le flux chaotique[82] et face à laquelle, pourtant, il ne peut que rester irrémédiablement extérieur. Par un curieux retournement, le symbolique, qui est issu du socle naturel, a dû s'en libérer pour en stabiliser la mouvance ; mais une fois qu'il s'en est détaché, celui-ci n'a plus d'autre possibilité – s'il ne veut pas disparaître – que de refléter la forme du monde naturel en se modelant dessus : *chez l'homme la superstructure symbolique intervient mais véritablement en superstructure, c'est-à-dire qu'aucune différence fondamentale ne sépare la crête du plumet, l'ergot et le sabre, le chant du rossignol ou les courbettes du pigeon et le bal champêtre* [II, 198]. Il s'en est détaché et n'a plus d'autre rôle que de répéter inlassablement ce qu'a toujours déjà dit – mais sans pouvoir le formuler – le naturel.

Pour comprendre la diversité des attitudes et des échanges sociaux, pour fonder la libre créativité artistique, Leroi-Gourhan ne peut que séparer du monde naturel un organe fonctionnel – la superstructure symbolique. Mais afin de ne pas perdre l'enracinement biologique qui lui est cher, et sans lequel il se trouverait, à vrai dire, dénué de fondement, il en fait, en quelque sorte, un miroir dont le rôle est de réfléchir le réel naturel : *tout se passe un peu comme si naissait sur la pyramide animale, qui restera le socle de tout comportement humain, la pointe d'une autre pyramide, inversée (« réfléchie » suivant l'image teilhardienne) de plus en plus gigantesque* [II, 259]. Une fois encore, Leroi-Gourhan subordonne l'autonomie au strict conditionnement d'un monde naturel toujours victorieux et perd ainsi le potentiel créateur de l'homme puisque le symbolique n'est en définitive qu'un réflecteur des structures naturelles. C'est dire que l'auteur se trouve dans une situation inconfortable, car il n'arrive finalement pas à assurer un fondement à ce caractère si spécifiquement humain. La puissance imaginative, la volonté créatrice, la possibilité infinie de (se) renouveler sont autant de phénomènes qui certes permettent à l'homme de se « narcissiser », mais qui restent entachés de tragique pour l'illusoire espoir qu'ils lui laissent de lui permettre d'atteindre à la liberté.

---

82 Cf. supra, IV, 2.1.

Conclusion

Collecteur de faits infatigable, constructeur de grandes synthèses, Leroi-Gourhan s'est avant tout affirmé comme un penseur de l'homme. Plus que tout autre, grâce à sa formation pluridisciplinaire, il a été sensibilisé par le fait que l'homme ne trouvait plus aujourd'hui à s'insérer dans un système théorique complet. Au regard de la science, l'être humain n'est, en effet, qu'un inconnu dont certaines facettes nous sont seules connues. C'est cette carence qui a incité Leroi-Gourhan à construire une ethnologie préhistorique que devaient alimenter la biologie, l'ethnologie et la préhistoire. L'élaboration d'une synthèse ne s'établit cependant pas sur l'accumulation de faits ponctuels, encore faut-il pouvoir les intégrer dans un cadre théorique. Celui-ci était assuré par la biologie contemporaine, et l'auteur a pu en reprendre le concept central d'évolution. C'est pourquoi une étude sur Leroi-Gourhan ne pouvait que s'amorcer par l'analyse épistémologique de son système.

Or, à l'analyse – et contrairement à ce qu'il a lui-même prétendu –, il s'est avéré que Leroi-Gourhan empruntait davantage au transformisme lamarckien qu'à l'évolutionnisme darwinien : à une évolution que Darwin voulait ponctuelle et qui ne pouvait répondre qu'au seul hasard des circonstances, Lamarck avait opposé un transformisme qui répondait directement au plan général de la nature ; le devenir des espèces vivantes ne pouvait donc se faire que suivant des axes parallèles ; enfin, l'homme était considéré par Lamarck comme l'être le plus parfait vers lequel les autres formes ne pouvaient que tendre. De la même manière, l'homme non seulement représente, pour Leroi-Gourhan, le centre privilégié d'une nature qui ne peut que tendre vers lui, mais encore en constitue le point final puisqu'il est l'être vivant qui accumule le maximum de libérations possibles. Le devenir spécifique est donc modelé en fonction d'un déterminisme finaliste tout lamarckien auquel s'oppose le seul hasard des circonstances chez Darwin.

En outre, parce que les différentes libérations vont toutes dans le sens d'une extériorisation de l'homme et que le même phénomène s'observe à la fois pour le social, le technique et le langage, l'auteur rejoint, ici encore, Lamarck puisque l'évolution ne peut que se comprendre en termes d'orthogenèse. Par ailleurs, le terme « milieu », que l'on retrouve sous la plume de Leroi-Gourhan, ne renvoie pas à la notion de milieu si capitale chez Darwin ; et j'ai montré que milieu intérieur et milieu extérieur chez Leroi-Gourhan correspondaient respectivement aux concepts de nature et de circonstances chez Lamarck. Enfin, le devenir du vivant nous est apparu comme entièrement conditionné par une force – la tendance – qui sous-tend l'évolution par une volonté finalisante. Or, cette volonté finalisante ne peut que se résoudre – c'est le paradigme scientifique qui l'exige – dans une absence de finalité. Mais ceci place le système de Leroi-Gourhan dans une position aporétique ; en effet, ce système, qui a voulu satisfaire aux exigences scientifiques, est sous-tendu par un concept finaliste appartenant à un registre philosophique dont Leroi-Gourhan refuse le statut, et appelle un télos onto-théologique dont l'auteur ne peut toutefois pas justifier l'existence.

Après avoir traité de la dimension épistémologique du système de Leroi-Gourhan, il était nécessaire d'effectuer l'analyse des qualités intrinsèques de l'humanité, telles que l'auteur les a lui-même proposées, à savoir le social, la technique et le langage.

Dans sa façon d'aborder le social, l'auteur conserve, sans parvenir à les synthétiser, les points de vue paléontologique et ethnologique. Ceci m'a incité à en reprendre l'analyse au double plan de la diachronie et de la synchronie. Du point de vue diachronique d'abord, le social se donne, pour Leroi-Gourhan, comme un super-organisme investi de tous les critères biologiques fondamentaux. Et l'auteur en propose une interprétation à la fois vitaliste et organiciste. Cet organisme social a pour caractéristique étonnante de s'affirmer comme autonome aux dépens des hommes qui pourtant en constituent la source. J'ai montré que ce paradoxe trouvait son origine dans le fait que Leroi-Gourhan a voulu expliquer l'inventivité, l'initiative, comme un phénomène biologique et que, pour ce faire, il l'a interprétée en termes de libération. L'auteur se retrouve alors devant une matière qui, du point de vue de l'évolution générale, se fait progressivement esprit jusqu'à perdre toute sa matérialité, en supprimant, par là même, son support vital et en rendant donc impossible son propre devenir. Leroi-Gourhan pose un être vivant dont la vie est impossible : la vie ne peut, en effet, que puiser son principe vital de la matière, mais devrait tout à la fois se constituer comme un « pur esprit » déraciné de la matière. Cette aporie explique, du reste, le ton systématiquement tragique de l'auteur lorsqu'il traite du devenir de l'homme. Synchroniquement ensuite, Leroi-Gourhan propose une dialectique entre social et culturel. Selon lui, le social est propre à tout être vivant, quel qu'il soit, tandis que la valeur culturelle caractérise l'homme en propre. Par ailleurs, nous avons vu comment cette dialectique social/culturel rebondissait dans les termes de nature et de culture. Et à cet égard, il a été montré que, pour Leroi-Gourhan, le naturel était omniprésent, mais comme sol chaotique, et qu'il se faisait culturel en se stabilisant par le médium du symbolique. Par ailleurs, Leroi-Gourhan retrouve, mais par le « bas », à la fois le temps et l'espace comme formes pures de l'expérience humaine, et la notion d'être-au-monde. Toutefois, et bien qu'il admette que le monde fasse l'objet d'un encodage symbolique, l'auteur conserve dans son système un bloc de nature vierge de toute marque humaine.

A cet égard, nous avons vu que le monde n'était, en fait, que la totalité des « quelque-chose » toujours déjà mis en forme et en sens, et que ces prédécoupages étaient caractéristiques de chaque culture. Ceci nous a amenés à la notion d'institution symbolique et nous a permis de montrer que les institutions symboliques étaient liées synchroniquement en un réseau symbolique et diachroniquement dans un flux symbolique qui prend la culture dans une véritable historicité symbolique. Et la question de l'historicité symbolique nous a alors entraînés vers l'examen de l'articulation animalité-humanité. A la différence de l'animal dont le comportement est déterminé par le bagage phylétique, l'homme ne peut nous apparaître que comme un être déterminant ou « formateur de monde ». Au terme de cette analyse, l'examen des témoins livrés par l'archéologie nous a permis de mettre en évidence le fait qu'il n'y avait pas une humanité zoologique à côté d'une humanité ethnique comme le voulait Leroi-Gourhan, mais bien une seule humanité d'emblée humaine, le couple animalité-humanité ne pouvant, dès lors, que se donner à penser dans les termes d'une différence radicale. Contrairement à l'instrument dont se sert l'animal, l'outil en pierre taillée suppose un pouvoir d'adaptation à la matière et à la forme, la capacité de transformer la matière première en fonction des exigences d'un schéma mental conditionnant et la possibilité de médiatiser le monde. L'analyse des anciennes structures d'habitat a révélé l'existence d'espaces entièrement humanisés où se sont déroulées – parfois durant un laps de temps fort long – des activités multiples et spécialisées. L'analyse des plus anciennes structures de combustion, ensuite, a bien mis en évidence la maîtrise précoce du feu et son utilisation à des fins techniques diverses, qui attestent, comme pour l'outillage, de la transmission des acquis et de l'existence, chez ces très vieux hominidés, de traditions. Ce fait a, du reste, trouvé ample confirmation avec l'étude des matières colorantes. En fait, du point de vue synchronique, l'interprétation du social, telle que la propose Leroi-Gourhan, est également aporétique. En effet, l'auteur ne parvient finalement pas à constituer la vision unitaire de l'homme qu'il s'était proposé de fournir, puisque le naturel et le culturel ne peuvent chacun trouver à s'établir que sur la base de l'autre. Ainsi non seulement l'auteur n'arrive-t-il pas à dépasser, en la synthétisant, l'opposition matériel-spirituel, mais encore en perd-il les termes mêmes.

Quant à la technique et au langage, ils s'enracinent dans des foyers originels communs et leur développement ne peut qu'avoir été parallèle. Toutefois, face à un langage forcément d'emblée humain, Leroi-Gourhan nous présente d'abord l'outil comme un organe exsudé du corps. Dans cette perspective, chaque type humain aurait produit un stéréotype dont la complexité devait être en rapport direct avec son auteur. Nous avons cependant montré que l'outil impliquait un mode d'emploi prescrit et des gestes codifiés, et que, comme tel, il s'inscrivait dans le réseau symbolique de la culture. Mais il est dès lors entraîné dans le flux symbolique et est donc pris dans une historicité qui se matérialise dans des traditions ; les stéréotypes ne représentent donc en réalité que des formes inscrites au sein de traditions et non des formes déterminées phylogénétiquement. En outre, l'inscription de la technique dans le cadre de traditions souligne sa subordination à un langage qui doit nécessairement être présent pour sa transmission et pour sa diffusion.

Traiter de la technique réclame, en outre, une analyse de la technicité, et il nous est apparu que, pour Leroi-Gourhan, la technicité ne pouvait que s'enraciner dans l'animalité. En réalité, on l'a vu, l'outil n'est pas compréhensible au départ du comportement qui implique une fermeture au monde. Il ne trouve sa justification qu'au départ de la conduite qui, à l'inverse, implique une ouverture au monde. Par ailleurs, nous avons mis en évidence que l'outil avait pour caractéristique d'être autonome et indépendant. Tout ceci montre à suffisance que son existence ne peut s'enraciner que dans l'initiative. Ensuite, et parce que le caractère technique influence la manière d'appréhender la technique elle-même, nous avons analysé la technologie proposée par

Leroi-Gourhan. L'outil et les gestes qui permettent de le manipuler forment la base de la technologie, car pour l'auteur l'outil apparaît comme le résultat d'une nécessité interne au milieu. Or, l'objet n'est outil que par le sens dont il est chargé. L'outil nous est apparu comme la matérialisation d'une réponse à un problème qui devait nécessairement avoir été préalablement posé par l'homme. Enfin, à vouloir enraciner la technique dans l'animalité, Leroi-Gourhan n'arrive à expliquer ni l'invention, ni le progrès. Et la position de l'auteur est donc aporétique, car si l'outil est extérieur par rapport à la main, c'est toujours l'organe qui l'a généré qui en commande, de l'intérieur, le devenir. Le fossé séparant l'organe de l'outil qui en est issu n'est donc jamais franchi, et la technique humaine reste, dès lors, non fondée.

Quant au symbolique, il nous est apparu comme un critère fondamentalement humain au sens où l'accès au monde ne peut se faire que par lui. L'homme a seul, en effet, le privilège de faire jaillir du sens indéfiniment à travers le déploiement de signes associés de façon déterminée. En outre, le langage sert à nommer le monde et non simplement à satisfaire les affects de façon immédiate. Le symbolique joue, en effet, le rôle de médium qui permet à l'homme d'assurer son emprise sur le monde. La carence du symbolique entraîne les troubles graves que nous avons relevés chez les enfants sauvages qui restent irrémédiablement des êtres-en-manque-de-monde, des êtres déracinés, condamnés à demeurer dans un chaos situé hors de l'espace et du temps humains. Ces êtres ne retrouvent pas un hypothétique état de virginale nature, et l'anthropologie ne peut dès lors plus se penser sur la base des concepts complémentaires de nature et de culture. Par sa fonction, le symbole est un moyen d'action **sur** le monde mais aussi le moyen pour les individus de se reconnaître entre eux et donc de s'identifier culturellement. Mais surtout, le symbolique, dans son essence, est libératoire au sens où l'homme accède grâce à lui à l'autonomie créatrice. La position développée par Leroi-Gourhan est, à cet égard, tragique et aporétique : le symbolique n'a d'autre possibilité que de refléter le réel naturel, il lui reste donc inféodé et ne reçoit jamais le fondement que l'auteur souhaitait apporter.

Ainsi donc, Leroi-Gourhan a élaboré une fresque grandiose mais sans pouvoir donner à la synthèse qu'il avait annoncée la caution théorique qui devait en garantir la pertinence. Dans cette anthropologie générale, l'acteur central – l'homme – reste irrémédiablement déchiré et ne se donne qu'au travers d'une oscillation incessante qui renvoie dos à dos un animal qu'observe l'ethnologue et un homme qu'étudie le biologiste. C'est que la fondation d'une synthèse anthropologique attendait davantage que la mise en place d'un système fonctionnellement cohérent ; elle réclamait, en outre, la garantie d'un cadre théorique rendu pertinent par un appareil conceptuel philosophiquement rigoureux, ce qu'à vrai dire Leroi-Gourhan refusait de faire. Mais cette limite théorique, qui se marque finalement dans une liberté que l'auteur voudrait arriver à saisir mais qu'il ne peut jamais atteindre, c'est aussi – c'est avant tout – l'ouverture d'un chemin, l'amorce d'un cheminement qui représentent, pour ceux qui cherchent encore, la possibilité de penser l'homme, la possibilité de se penser soi-même.

Bibliographie

J. Allain *et al.*, « Le Magdalénien à navettes », in *Gallia Préhistoire*, XXVIII, 1, 1985, pp. 37-124.

G. Bachelard, *La psychanalyse du feu*, Paris, Gallimard, 1938, 321 p.

M. Barthélémy-Badaule, *Bergson et Teilhard de Chardin*, Paris, Seuil, 1963, 685 p.

M. Barthélémy-Badaule, *Lamarck ou le mythe du précurseur*, Paris, Seuil, 1979, 185 p. (coll. « Science ouverte »).

B.B. Beck, *Animal Tool Behavior*, New York, Garland, S.T.P.M. Press, 1980.

H. Bergson, *L'évolution créatrice*, Paris, Félix Alcan, 1907 (1910), 403 p.

E. Bonifay, « Les premières industries du sud-est de la France et du Massif Central », in E. Bonifay & B. Vandermeersch, *Les premiers Européens*. Actes du 114e Congrès national des Sociétés Savantes (Paris, 3-9 avril 1989), Paris, C.T.H.S., 1991, pp. 63-80.

E. & M.-F. Bonifay, « Le Paléolithique ancien en Velay et en Auvergne : civilisations préhistoriques et milieu naturel », in *Les inédits de la préhistoire auvergnate*, Clermont-Ferrand, Ed. Bargoin, 1983.

E. Bonifay, « Un site du Très Ancien Paléolithique de plus de 2 M.a. dans le Massif Central français : Saint-Eble-Le-Coupet (Haute-Loire) », in *Comptes rendus de l'Académie des Sciences*, CCCVIII, IIe série, 1989, pp. 1567-1570.

R. Bruzina, « Toward a Philosophy of Technology : Reflections on Themes in the Work of Erwin Straus », in *Journal of Phenomenological Psychology*, VII, 1976, pp. 78-94.

D. Buican, *La révolution de l'évolution*, Paris, PUF, 1989, 339 p.

G. CAMPS, *Manuel de recherche préhistorique*, Paris, Doin, 1981, 447 p., 211 fig., 5 tabl.

C. CASTORIADIS, *L'institution imaginaire de la société*, Paris, Seuil, 1975, 502 p. (coll. « Esprit »).

R. CHAUVIN, *L'éthologie, histoire naturelle des mœurs*, Paris, PUF, 1983[2], 236 p., 33 fig. (coll. « Le biologiste »).

J.D. CLARK, *The Prehistory of Africa*, London, Thames and Hudson, 1970, 312 p., 110 fig., 10 cartes (coll. « Ancient peoples and places », n° 72).

Colloque international « Lamarck » tenu au Museum d'histoire naturelle, les 1-2 et 3 juillet 1971, Paris, A. Blanchard, 1971, 262 p.

J. CLOTTES, M. MENU & P. WALTER, «La préparation des peintures magdaléniennes des cavernes ariégeoises», in *Bulletin de la Société préhistorique française*, LXXXVII, 1990, pp. 170-192, 26 fig.

M. COLTORTI & AL., *Isernia la Pineta, un accampamento più antico di 700.000 anni*, Bologna, 1983, 125 p.

J. COOK, C.B. STRINGER, A. CURRANT, H. SCHWARCZ & A. WINTLE, « A Review of the Chronology of the European Middle Pleistocene Hominid Record », in *Yearbook of Physical Anthropology*, XXV, 1982, pp. 19-65.

M. CREMASCHI & C. PERETTO, « Les sols d'habitat du site paléolithique d'Isernia la Pineta (Molise, Italie centrale) », in *L'Anthropologie*, XCII, 1988, pp. 1017-1040.

C. DARWIN, *L'origine des espèces au moyen de la sélection naturelle ou la lutte pour l'existence dans la nature*, Verviers, Marabout, 1973, 571 p. (coll. « Marabout Université », n° 234).

R. DESBROSSE & J.K. KOZLOWSKI, *Les habitats préhistoriques des Australopithèques aux premiers agriculteurs*, Cracovie-Paris, Université de Jagellon et Ed. du C.T.H.S., 1994, 132 pp. (Documents préhistoriques, n° 6).

T. DOBZHANSKY, *L'homme en évolution*, Paris, Flammarion, 1966, 432 p.

J.G. FICHTE, *Fondement du droit naturel selon les principes de la doctrine de la science (1796-1797)*, Paris, PUF, 1984, 418 p. (coll. « Epiméthée »).

J. FRIDRICH, « A Lower Palaeolithic Settlement Site at Prezletice and the Finding of Dwelling Structure », in *Anthropologie*, Brno, XXV, 1987.

J. GARANGER dir., *La préhistoire dans le monde*, Paris, PUF, 1992, 837 p., 147 fig. (coll. « Nouvelle Clio »).

R.A. & B.T. GARDNER, « Teaching Sign Language to a Chimpanzee », in *Science*, 165, 1969, pp. 664-672.

B.T. & R.A. GARDNER, « Two comparative Psychologists look at Language Acquisition », in K.E. NELSON (ed.), *Children's Language*, New York, Halstead, 1979.

G. Gaucher, « André Leroi-Gourhan, 1911-1986 », in *Bulletin de la Société préhistorique française*, LXXXIV, 1987, pp. 302-315.

G. Gaucher, « Bibliographie d'André Leroi-Gourhan », in *Bulletin de la Société préhistorique française*, LXXXIV, 1987, pp. 316-323.

J. Gilbert, D. Campillo, B. Martinez, F. Sanchez, R. Caporicci, C. Jimenez, C. Ferrandez & F. Ribot, « Nouveaux restes d'hominidés dans les gisements d'Orce et de Cueva Victoria (Espagne) », in E. Bonifay & B. Vandermeersch, *Les premiers Européens*. Actes du 114e Congrès national des Sociétés Savantes (Paris, 3-9 avril 1989), Paris, C.T.H.S., 1991, pp. 273-282.

B. Gille, *Histoire des techniques*, Paris, Gallimard, 1978, 1652 p. (« Encyclopédie de la Pléiade »).

E. Gilson, *D'Aristote à Darwin et retour*, Paris, Vrin, 1971, 254 p.

L. Goulven, « Cuvier et Lamarck : la querelle du catastrophisme », in *La Recherche*, n° 183, 1986, pp. 1510-1518.

D.R. Griffin, *La pensée animale*, Paris, Denoël, 1988, 219 p.

M. Groenen, « Présence de colorants dans l'Europe paléolithique », in *Anthropologie et Préhistoire*, CII, 1991, pp. 9-28.

M. Groenen, « Colorants et symbolique au Paléolithique », in *La couleur*, Bruxelles, Ousia, 1993, pp. 7-27 (coll. « Recueil »).

M. Groenen, *Pour une histoire de la préhistoire. Le Paléolithique*, Grenoble, Jérôme Millon, 1994, 603 p., 99 fig. (coll. « L'Homme des Origines »).

M. Groenen, «Quelques problèmes au sujet des récentes découvertes d'art paléolithique», in *Annales d'Histoire de l'Art et d'Archéologie*, 1996.

M. Haar, *Le chant de la terre. Heidegger et les assises de l'histoire de l'être*, Paris, L'Herne, 1985, 299 p. (Bibliothèque de philosophie et d'esthétique).

J.W.K. Harris, « Découverte de matériel archéologique oldowayen dans le Rift de l'Afar », in *L'Anthropologie*, XC, 1986, pp. 339-357.

M. Heidegger, *Questions I*, Paris, nrf Gallimard, 1968.

M. Heidegger, *Sein und Zeit*, Tübingen, M. Niemeyer, 1969, 437 p.

M. Heidegger, *Holzwege*, Frankfurt, Klostermann, 1972, 345 p.

M. Heidegger, *Grundprobleme der Phänomenologie*, Band 24, Frankfurt, Klostermann, 1976, 473 p.

M. Heidegger, *Die Grundbegriffe der Metaphysik, Welt-Endlickheit-Einsamkeit*, Gesamtausgabe. II Abteilung : Vorlesungen 1923-1944. Band 29/30, Frankfurt, Klostermann, 1983, 542 p.

G. Isaac, « Le partage de la nourriture chez les protohumains », in *Pour la science*, 1978.

B. KERVAZO & J.-P. TEXIER, « Découverte en Aquitaine (France) d'un outil humain à ranger parmi les plus anciens d'Europe », in *Comptes rendus de l'Académie des Sciences*, CCXCVI, 1983, pp. 201-203.

J.-B. DE LAMARCK, *Système analytique des connaissances positives de l'homme, restreintes à celles qui proviennent directement ou indirectement de l'observation*, Paris, J.-B. Baillière, 1830.

J.-B. DE LAMARCK, *Histoire naturelle des animaux sans vertèbres*, I, 1835.

J.-B. DE LAMARCK, *Philosophie zoologique ou exposition des conditions relatives à l'histoire naturelle des animaux*, Paris, F. Savy, 1873, 2 vol.

J.-B. LAMARCK, « Discours d'ouverture, An XI », in *Bulletin scientifique de la France et de la Belgique*, XL, 1907.

M.D. LEAKEY, *Olduvai Gorge. III. Excavations in Beds I and II, 1960-1963*, Cambridge, Cambridge University Press, 1971.

C. LEFORT, *Essais sur le politique*, Paris, Seuil, 1986, 331 p. (coll. « Esprit »).

R. LEGROS, « Phénoménologie et question de l'homme », in *La liberté de l'esprit. Qu'est-ce que la phénoménologie ?*, Paris, Hachette, 1987, pp. 54-98.

R. LEGROS, *L'idée d'humanité. Introduction à la phénoménologie*, Paris, Grasset, 1990, 278 p. (coll. « Le Collège de Philosophie »).

T. LENAIN, *La peinture des singes. Histoire et esthétique*, Paris, Editions Syros-Alternatives, 1990, 127 p., nombr. ill. (coll. « Zigzags »).

A. LEROI-GOURHAN, *La civilisation du Renne*, Paris, Gallimard, 1936, 179 p., fig. et pl. (coll. « Géographie humaine »).

A. LEROI-GOURHAN, *Evolution et techniques. L'homme et la matière*, Paris, Albin Michel, 1943 (1971³), 348 p., 577 fig. (coll. « Sciences d'aujourd'hui »).

A. LEROI-GOURHAN, *Evolution et techniques. Milieu et techniques*, Paris, Albin Michel, 1945 (1973³), 475 p., 586 fig. (coll. « Sciences d'aujourd'hui »).

A. LEROI-GOURHAN, « Ethnologie et géographie », in *Revue de géographie humaine et d'ethnologie*, I, 1948, pp. 14-19.

A. LEROI-GOURHAN, « Ethnologie et esthétique », in *Le disque vert*, I, 1953, pp. 70-73.

A. LEROI-GOURHAN, *L'Homo faber : la main*, in *A la recherche de la mentalité préhistorique*, (16e semaine de synthèse du Centre international de synthèse, 1950), Paris, Albin Michel, 1953, pp. 75-98.

A. LEROI-GOURHAN, *Technique et société chez l'animal et chez l'homme*, in *Originalité biologique de l'homme*, Paris, Fayard, 1957, pp. 11-27 (coll. « Recherches et débats », n° 18).

A. Leroi-Gourhan, « La fonction des signes dans les sanctuaires paléolithiques », in *Bulletin de la Société préhistorique française*, LV, 1958, pp. 307-321.

A. Leroi-Gourhan, « Le symbolisme des grands signes dans l'art pariétal paléolithique », in *Bulletin de la Société préhistorique française*, LV, 1958, pp. 384-398.

A. Leroi-Gourhan, « Répartition et groupement des animaux dans l'art pariétal paléolithique », in *Bulletin de la Société préhistorique française*, LV, 1958, pp. 515-528.

A. Leroi-Gourhan, « L'illusion technologique », in *La Technique et l'Homme*, Paris, Fayard, 1960, pp. 65-74 (coll. « Recherches et débats », n° 31).

A. Leroi-Gourhan, « L'histoire sans texte : ethnologie et préhistoire », in *L'Histoire et ses méthodes*, Paris, Gallimard, 1961, pp. 217-249 (« Encyclopédie de la Pléiade »).

A. Leroi-Gourhan, *Archéologie préhistorique, critique des témoignages*, in *L'Histoire et ses méthodes*, Paris, Gallimard, 1961, pp. 1207-1222 (« Encyclopédie de la Pléiade »).

A. Leroi-Gourhan, *Le geste et la parole*, vol. I, *Technique et langage*, Paris, Albin Michel, 1964 (1983), 323 p., 105 fig. (coll. « Sciences d'aujourd'hui »).

A. Leroi-Gourhan, *Le geste et la parole*, vol. II, *La Mémoire et les Rythmes*, Paris, Albin Michel, 1965 (1982), 285 p., 47 fig. (coll. « Sciences d'aujourd'hui »).

A. Leroi-Gourhan, « L'expérience ethnologique », in *Ethnologie générale*, Paris, Gallimard, 1968, pp. 1816-1825 (« Encyclopédie de la Pléiade »).

A. Leroi-Gourhan, « Les voies de l'histoire avant l'écriture », in *Faire de l'Histoire*, vol. I, *Nouveaux problèmes*, sous la direction de J. Le Goff et de P. Nora, Paris, NRF-Gallimard, 1974 (coll. « Bibliothèque des Histoires »).

A. Leroi-Gourhan *et al., La préhistoire*, Paris, PUF, 1977[3], 364 p., 54 fig. (coll. « Nouvelle Clio »).

A. Leroi-Gourhan, *Préhistoire de l'art occidental*, Paris, 1978, 482 p., 804 fig. dont 121 pl. coul.

A. Leroi-Gourhan, *Les racines du monde. Entretiens avec Claude-Henri Rocquet*, Paris, Belfond, 1982, 279 p. (coll.« Entretiens »).

A. Leroi-Gourhan, *Le fil du temps. Ethnologie et préhistoire, 1920-1970*, Paris, Fayard, 1983, 384 p. (coll. « Le Temps des Sciences »).

A. Leroi-Gourhan, *Mécanique vivante. Le crâne des vertébrés du poisson à l'homme*, Paris, Fayard, 1983 (coll. « Le Temps des Sciences »).

A. LEROI-GOURHAN, *Pincevent. Campement magdalénien de chasseurs de rennes*, Paris, Ministère de la Culture, 1984, 91 p., ill. (Guides archéologiques de la France, n° 3).

A. LEROI-GOURHAN, *Dictionnaire de la Préhistoire*, Paris, PUF, 1988, 1222 p., 46 cartes et tabl., 30 pl.

A. LEROI-GOURHAN, *L'art pariétal, langage de la préhistoire.* Présentation générale de Marc Groenen, Grenoble, Jérôme Millon, 1992, 420 p., ill.

André Leroi-Gourhan ou les Voies de l'Homme, Actes du Colloque du C.N.R.S., mars 1987, Paris, Albin Michel, 1988, 255 p., 12 ill.

C. LÉVI-STRAUSS, *Anthropologie structurale*, Paris, Plon, 1974, 452 p.

C. LIMOGES, *La sélection naturelle*, Paris, PUF, 1970, 184 p. (coll. « Galien »).

M. LORBLANCHET, « Le support », in *L'art pariétal paléolithique. Techniques et méthodes d'étude réunis par le Groupe de Réflexion sur l'Art Pariétal Paléolithique*, Paris, 1993, pp. 69-80.

L. MALSON, *Les enfants sauvages. Mythe et réalité suivi de Mémoire et rapport sur Victor de l'Aveyron par Itard*, Paris, 10/18, 1971, 247 p.

M. MAUSS, *Sociologie et anthropologie*, Paris, PUF, 1966, 482 p.

Merleau-Ponty à la Sorbonne. Résumé de cours 1949-1952, s.l., Cynara, 1988, 576 p.

C. MEYLAN, « Leroi-Gourhan au bestiaire de la préhistoire », in *Bulletin de la Société préhistorique de l'Ariège*, XLI, 1986, pp. 31-62.

G.A. MILLER, *The Psychology of Communication*, New York, Basic Books, 1967, 197 p.

J.P. MILLOTTE & A. THÉVENIN, *Les racines des Européens. Des origines aux Celtes*, Paris, Horvath, 1988, 518 p., nbr. ill.

Nouveau dictionnaire d'histoire naturelle appliquée aux arts, à l'agriculture, à l'économie rurale et domestique, à la médecine, etc. par une société de naturalistes et d'agriculteurs, Paris, Déterville, 1815-1817, 37 vol. [diverses contributions de J.-B. de Lamarck].

M. OLIVE, *Une habitation magdalénienne d'Etiolles. L'unité P 15*, Mémoire de la Société préhistorique française, XX, 1988, 175 p., 33 fig., 22 pl.

Origine et évolution de l'homme, Paris, Laboratoire de Préhistoire du Musée de l'Homme, 1982, 255 p., nbr. ill.

E. ORTIGUES, *Le discours et le symbole*, Paris, Aubier-Montaigne, 1962, 228 p. (coll. « Philosophie de l'esprit »).

G. PANKOW, *Structuration dynamique dans la schizophrénie*, Bern, Huber, 1956, 80 p.

G. PANKOW, *L'être-là du schizophrène*, Paris, Aubier-Montaigne, 1987, 269 p.

G. Pankow, *L'homme et sa psychose*, Paris, Flammarion, 1993, 310 p.

F.G. Patterson & E. Linden, *The Education of Koko*, New York, Holt, Rinehart and Winston, 1981.

C. Perlès, *Préhistoire du feu*, Paris, Masson, 1977, 180 p.

C. Peretto, *Les gisements d'Isernia La Pineta (Molise, Italie)*, in E. Bonifay & B. Vandermeersch, *Les premiers Européens*. Actes du 114e Congrès national des Sociétés Savantes (Paris, 3-9 avril 1989), Paris, C.T.H.S., 1991, pp. 161-168.

J. Piaget, P. Mounoud & J.-P. Bronckart, *Psychologie*, Paris, Gallimard, 1987, 1960 p. (Encyclopédie « La Pléiade »).

D. Premack, *Intelligence in Ape and Man*, Hillsdale, N.J., Erlbaum, 1976, 370 p., ill.

D. & A.J. Premack, *The Mind of an Ape*, New York, Norton, 1983.

Les premiers habitants de l'Europe. 1.500.000 – 100.000 ans, Paris, Laboratoire de Préhistoire du Musée de l'Homme, 1982, 199 p., nbr. ill.

N. Puig-Vergès, *Aux sources de la psychose. Corporéité et pensée psychotique*, Paris, Hommes et groupes éditeurs, 1987, 402 p.

C. Radulescu & P. Samson, « Traces d'activité humaine à la limite Pliocène/Pléistocène dans le bassin dacique (Roumanie) », in E. Bonifay & B. Vandermeersch, *Les premiers Européens*. Actes du 114e Congrès national des Sociétés Savantes (Paris, 3-9 avril 1989), Paris, C.T.H.S., 1991, pp. 203-207.

M. Richir, *Phénoménologie et Institution Symbolique (Phénomènes, Temps et Etres II)*, Grenoble, Jérôme Millon, 1988, 383 p. (coll. « Krisis »).

M. Richir, *La crise du sens et la phénoménologie. Autour de la Krisis de Husserl, suivi de Commentaire de L'Origine de la géométrie*, Grenoble, Jérôme Millon, 1990, 363 p. (coll. « Krisis »).

P. Ricoeur, *Le conflit des interprétations, essais d'herméneutique*, Paris, Seuil, 1969, 505 p. (coll. « L'ordre philosophique »).

H. Roche & J.-J. Tiercelin, « Industries lithiques de la formation plio-pléistocène d'Hadar (campagne 1976) », in *VIIIe Congrès panafricain de Préhistoire et d'Etudes du Quaternaire*, Nairobi, 1980, pp. 194-199.

P. Shipan, « Etudes récentes sur le comportement des Hominidés dans la grotte d'Olduvai », in *L'Anthropologie*, XCIV, 1990, pp. 229-240.

J.A.L. Singh & R.M. Zingg, *L'homme en friche. De l'enfant-loup à Kaspar Hauser*, Bruxelles, Complexe, 1980, 370 p., photos.

K. Sklenar, « The Lower Palaeolithic Dwelling Structure at Prezletice and its Significance », in *Anthropologie*, Brno, XXV, 1987.

P. Teilhard de Chardin, *Le phénomène humain*, Paris, Seuil, 1955, 348 p. (Œuvres complètes, I).

P. TEILHARD DE CHARDIN, *La place de l'homme dans la nature*, Paris, Seuil, 1964, 173 p. (Œuvres complètes, VIII).
H.S. TERRACE, *Nim*, New York, Knopf, 1979.
H.S. TERRACE, L.A. PETITTO & T.G. BEVER, « Can an Ape create a Sentence ? », in *Science*, 206, 1979, pp. 891-902.
H.S. TERRACE, *Nim, un chimpanzé qui a appris le langage gestuel*, Bruxelles, Mardaga, 1980, 330 p., ill. (coll. « Psychologie et Sciences humaines »).
P. THUILLIER, *Jeux et enjeux de la science. Essais d'épistémologie critique*, Paris, Laffont, 1972 (coll. « Science nouvelle »).
P. VALÉRY, *Variété V*, Paris, Gallimard, 1944, 325 p.
G. VATTIMO, *Introduction à Heidegger*, Paris, Cerf, 1985, 186 p. (coll. « La Nuit surveillée »).

Table des matières